孝经

新解

全译本

倪可——译注

民主与建设出版社
·北京·

© 民主与建设出版社，2023

图书在版编目（CIP）数据

孝经新解全译本 / 倪可译注 . —北京：民主与建
设出版社，2017.12（2023.9重印）
ISBN 978-7-5139-1871-8

Ⅰ . ①孝… Ⅱ . ①倪… Ⅲ . ①家庭道德－中国－古代
②《孝经》－译文 ③《孝经》－注释 Ⅳ . ①B823.1

中国版本图书馆 CIP 数据核字（2017）第 313274 号

孝经新解全译本
XIAOJING XINJIE QUANYIBEN

译　　注	倪　可	
责任编辑	程　旭　周　艺	
封面设计	小徐书装	
出版发行	民主与建设出版社有限责任公司	
电　　话	（010）59417747　　59419778	
社　　址	北京市海淀区西三环中路10号望海楼E座7层	
邮　　编	100142	
印　　刷	三河市双升印务有限公司	
版　　次	2018年2月第1版	
印　　次	2023年9月第2次印刷	
开　　本	880mm×1230mm　1/32	
印　　张	7.75	
字　　数	194千字	
书　　号	ISBN 978-7-5139-1871-8	
定　　价	48.00元	

注：如有印、装质量问题，请与出版社联系。

前言

孝道是中华民族的传统美德，孟子曾说："大孝终身慕父母。唯孝顺父母可以解忧。"唐代著名诗人孟郊也道："谁言寸草心，报得三春晖。"可见，孝是做人的根本，每个人都应当切身践行，努力地做到孝敬父母。而且，孝道是中国传统文化的核心，渗透到了几千年来中国社会生活的方方面面。从某种程度上说，中国文化就是关于孝道的文化。孝道也因此深入人心，在人们的心中形成根深蒂固的影响。

但是，一个时代有一个时代的故事，人们的思想观念和价值判断也在随着时代的发展而发生不同程度的变化。对于孝道，也是如此，它也有着与时俱进的延续和发展。正因如此，孝道历久弥新，不断被赋予新的内容和含义，经历了一个不断被扬弃的过程。所以，我们在弘扬践行孝道的时候，不仅要注重发扬传统，更需要与时俱进，倡导现代孝道。

所谓现代孝道也就是说，我们在践行孝道的时候不能一味地"崇古非今"，凡事按照古人的孝道观念和伦理道德来行事，随着人们思想的解放、认识的加深，人们对孝道已经有了更为深刻的理解，我们要做的应该是回到当下的社会实践和实际，用当下的孝行来诠释孝道。所以，孝道的践行是一个扬弃的过程，我们不仅需要在古代的孝道思想和行为中汲取营养，也需要有批判接受的精神，懂得革除传统孝道中的封建杂质和愚昧成分，不能一味地愚孝，更不能把尽孝当成是一项给自己加分的"面子工程"。

比如，有些人明知道父母的决定或处事方式是错误的，还一味地顺从袒护、不知规劝，就是愚孝；有些人在父母生前不管不问，等到父母死后却大操大办丧葬仪式，就是纯粹地走形式，只为自己赚取名声。显然，这些并不是真正的孝。真正的孝道应该是切实地做到"内化于心，外化于行"，并且能够做到在继承传统的同时，取其精华去其糟粕。只有这样，才能够鉴古知今，找到真正适合现代生活的尽孝方式和态度，为"孝"注入新的时代内涵，从而"不忘初心，继续前行"。

《孝经》就是一部关于孝道的经典之作，它以孝道为阐述的核心，集中论述了儒家的伦理思想，把孝道看作是犹如日月星辰般天地间永恒不变的法则，认为是上天所定的规范。在宋时它被列入儒家十三经，是中国古代最重要的经典之一。虽说《孝经》不足两千字，但是它却对两汉以来的古代中国思想产生了无可比拟的影响，上到一国之君，下到普通百姓，不仅人尽皆知且都作为自身立身处世的道德规范和行为准则，被称为古代封建社会忠、孝、节、义的典范之作。所以，《孝经》在漫长的封建社会乃至是现今社会中，都扮演着至关重要的角色。

在这里，针对《孝经》，我们进行了详尽的诠释和解读，分为原典、注释、译文、解析、故事链接五大板块，旨在让古代经典著作与现代社会生活中架起一座沟通的桥梁，让古代的孝道智慧对现实的言行给予切实的指导，让我们在知晓古代孝道的基础上，有取有舍，继续发扬孝义，推动对美好和谐生活的营造。有道是，"知古不知今，谓之陆沉；知今不知古，谓之盲瞽"。所以，只有古为今用，今以古鉴，才能

更好地传承和发扬传统，把孝道的孝、悌、义、理推广开来。否则，
迂腐守旧、食古不化就会逐渐失去本心，让孝道失去应有之义。

　　下面，就让我们一起品味古之孝道，并把孝道之义理与现代生活
实践相结合，使其更富有生命力和参考指导价值。

目录

开宗明义章第一：
提纲挈领，启五种孝道之义理 / 1

天子章第二：
天子之孝，身体力行以化万民 / 13

诸侯章第三：
诸侯之孝，立身行事切合要道 / 23

卿大夫章第四：
高官之孝，言行衣饰皆遵礼法 / 31

士章第五：
士官之孝，忠君敬长侍奉双亲 / 47

庶人章第六：
平民之孝，谨身节用以养父母 / 59

三才章第七：
曾子赞孝，孔子深度释其本源 / 69

孝治章第八：
以孝治国，人和方能国家安泰 / 81

圣治章第九：
孝治主德，唯德威并重政令通 / 93

纪孝行章第十：
子女之孝，五效三除警示后人 / 107

五刑章第十一：
刑罚森严，教导世人走上正途 / 121

广要道章第十二：
倡导孝义，礼敬他人以定社会 / 135

广至德章第十三：
施行教化，民安令行国家昌 / 149

广扬名章第十四：
推孝作忠，立德立功扬声名 / 163

谏诤章第十五：
力行诚谏，忠、孝、信皆不可负 / 175

感应章第十六：
感天动地，孝悌之道无所不通 / 191

事君章第十七：
尽忠国君，家齐国治且天下平 / 207

丧亲章第十八：
慎终追远，葬祭父母有依有据 / 221

开宗明义章第一

提纲挈领，启五种孝道之义理

开宗明义章第一：提纲挈领，启五种孝道之义理

▬ 原典

仲尼①居②，曾子③侍④。子曰："先王⑤有至德要道⑥，以顺天下，民用⑦和睦，上下无怨。汝知之乎？"

曾子避席⑧曰："参不敏，何足以知之？"

子曰："夫孝，德之本也，教⑨之所由生也。复坐，吾语汝。身体发肤，受之父母，不敢毁伤，孝之始也；立身行道，扬名于后世，以显⑩父母，孝之终⑪也。夫孝，始于事亲，中于事君，终于立身。"

《大雅》⑫云："无念尔祖，聿修厥德。⑬"

注释

①仲尼：即孔子（公元前551—前479年），名丘，字仲尼，春秋时期鲁国陬邑人（今山东曲阜），中国著名的思想家、政治家、教育家，开创了私人讲学的风气，儒家学派的创始人，被尊为至圣先师、孔圣人。曾受教于老子，门下弟子三千，贤人七十二，后带部分弟子周游列国，晚年则致力于教育，修订六经（《诗》《书》《礼》《乐》《易》《春秋》），整理古代文献。其学说以"仁"为核心，并成为汉以后千余年的文化主流，影响深远。

②居：闲居，无事闲坐着。

③曾子：春秋时期鲁国人，十六岁拜孔子为师，名参，字子舆，颇得孔子真传，对孔子的思想一以贯之，积极推行儒家思想和主张。以孝著称，其修齐治平的政治观、三省吾身的修身观点和"以孝为本"的孝道观影响了中国两千多年，至今仍有极大的社会意义和使用价值。主要作品有《论语》《大学》《曾子十篇》等，被后世尊为"宗圣"。

④侍：侍奉，服侍。

⑤先王：古代圣明的帝王。

⑥至德要道：极高的德行和最重要的道理。此处是指孝道。

⑦用：因此，因而。

⑧避席：离开座位，以示尊敬。在中国宋代以前椅子还没有普及，人们更习惯席地而坐，在说话时为了表示对对方的尊敬和自己的谦逊，常常要离开坐席。此处指曾子恭敬地离席起立，聆听孔子教诲。

⑨教：教化，教育。如《礼记·学记》："是故学然后知不足，教然后知困。"

⑩显：显贵，显扬，这里是使动用法，使……显扬。

⑪终：最终，归宿。

⑫《大雅》：先秦诗歌总集，《诗经》的重要组成部分。《诗经》的内容根据性质可分为《风》《雅》《颂》，其中《雅》又分为《大雅》《小雅》，《大雅》共计三十一篇，大多是西周王室贵族所作，主要是歌颂周王室祖先后稷以至武王、宣王的功绩，也有些反映了周厉王和周幽王时期暴虐昏乱的统治及危机。

⑬无念尔祖，聿修厥德：聿，用于句首或句中，无实义。修，学习，效法。厥，代词，古代厥、其二字相通，也就是周文王。选自《诗经·大雅·文王》，诗中反复赞颂文王受"天命"而创立周朝。

译文

一天，孔子闲坐在家里，他的弟子曾参陪伴着侍奉在他的左右。这时，孔子对曾参说："古时圣明的君主帝王都拥有崇高至极的品行和最重要的道德，并依此来教化民众，使得天下人心归顺，人与人之间相亲相爱、相处和睦。不管是身份尊贵还是卑贱，上自做官的长者下至普通百姓，都能够做到没有怨恨和不满。你知道这是怎么回事吗？"

曾子立即离开座位，站起身来回答道："弟子我不够聪敏，又怎么能够知道这其中的道理呢？"

孔子说："这就是孝道，它是一切德行的根本所在，对人们的一切教化也正是由此而产生的。你先回到原位坐下，我再来详细告诉你。人的身体四肢，哪怕是一根头发和一点皮肤，都是父母赋予的，既然受之于父母，我们就应当体念父母爱子之心，懂得保全自己，谨慎爱护，不至于稍有损毁伤残，这就是孝道的开始。人生在世，能够做到独立不倚，不受外界的利欲所蛊惑而合乎一定的标准，就是立身。做事的时候，凡事都不越轨、不妄为，顶天立地，合乎正道，就是行道。由此，遵循仁义道德，修养自身，多有建树，不但使自己受到当世之人的推崇，还能够使父母的声名得以显扬，倍享荣光，这就是实行孝道最终的归宿。由此，孝道可以分为三个阶段，最初在幼年时要承欢膝下，侍奉父母。到了中年，便要把对父母的爱扩大，移孝作忠，效力于君王，充当公仆，为国尽忠，为民服务，建功立业。到了晚年，要完善自己的身心和品德，使之没有缺欠和遗憾，立身无愧，最终功成名就。这样，孝道才算是完成圆满。"

《诗经·大雅·文王》篇中说："怎么能够不追念先祖文王的德行呢？而要做到这一点，就得先努力发扬先祖文王的美德啊！"

解析

本章是《孝经》全书的纲领，所谓"开宗明义"其实也就是开示全书的宗旨，指明孝道的意义和内涵。其中，本章节重点描述：以孝治国，则百姓和顺没有抱怨；以孝立身，则能够显亲扬名。同时，还表明了五种孝道的义理，使其成为历代的孝治法则，定为万世的政教规范。也正是因为这样，本章才列为《孝经》的首章。

具体来说，在开篇部分，作者以孔子与学生曾参闲谈的方式展开，逐步提出了孝道的几个层次：最初孔子提出"至德要道"的重要价值和意义，使曾子领悟所谓孝道不仅仅是奉养父母那么简单，孝之大者应该是治国平天下。接着，孔子论述了践行孝道的三个阶段。也就是在孝道开始阶段主要的表现形式是要侍奉父母，随着年龄、阅历的增长要化孝道为忠君思想，以求能够为国效力、建功立业，赢得生前身后名，最后孝道的体现形式则是要尽可能地完善己身，修身立德，继承并发扬祖先的德行，成就自己的孝道。

如此，我们才可以说完成了孝道践行的整个过程，也只有这样，不只是停留在侍奉双亲的孝道上，才真正实现了"大孝"。可见，在作者的心中，孝道是一个由小及大、由近及远，不断推广扩大的过程，孝道不仅仅可以用来奉养双亲，更重要的是能够以孝治国、以孝修身。所以，这里的孝道是一个广义的概念，而我们平时所说的孝道则大多指的是"小孝"。其实，这也反映了古时封建社会对孝道的理解和诠释，也是我国儒家文化非常重要的组成部分。

总的来说，人的各个方面都离不开孝，孝道是对人进行的最根本的教化，是一切文明开始的本源，人的各种美德包括仁、义、礼、智、信、忠都要从孝开始。而孝分大小和层次，若是把孝道延伸拓展开来就组成了封建社会的社会秩序和组织规则。显然，传统的中国社会是植根在孝道之上的社会，孝文化是中华文化的基础和源泉。在传统的中国社会和文化中，孝文化是中国文化的核心观念与首要的文化精神。在这里，孝道已经和纯粹的伦理意义区别开来，成为了一种社会得以正常运转的基础保障。从孔子对孝道的解释和定义上，我们不难看出春秋时期儒家的思想主张和打在封建社会上的阶级烙印。可以说，这是一个孝道的范畴，更是一个时代的声音。我们从第一章节就能够窥见《孝经》的重大价值和实用性。在天地之间，四海之内，行孝的态度上需要我们慎行终生，贯穿于方方面面。

■ 故事链接

学经留李王僧孺

王僧孺（公元465—522年），南北朝时期著名的诗人、文学家，曾任南朝梁国尚书左丞、御史中丞。但是，王僧孺早年家境十分贫困，父亲没钱供他上学，母亲只能靠卖纱布来赚取一些钱财，为了满足自己的求学欲望，他不得不在家中自学。

在他三岁那年的一天，当地有一个十分有学问的长者见他勤奋好学、尊老敬长，很有灵性和潜质，于是便主动问他说："你想不想学习《孝经》啊，如果想学的话，我可以教给你。"一听到这话，王僧孺就睁大双眼，满心激动和好奇地问："《孝经》是什么样的书啊？"那位有学问的人解释说："《孝经》是专门教人孝敬长辈的，在这本书里，它教给人待人要有礼貌、懂道德，要尊老敬长。"

听长者如此说，王僧孺高兴地点头说道："那从现在开始，就请您教我吧！"就这样，王僧孺每天都会跟着这位长者学习《孝经》，早起晚睡，虚心求教，从不感到厌烦，也不曾急躁。加上王僧孺十分聪明，记忆力又强，没过多久他就能够把《孝经》中的很多章节倒背如流。

一天，邻居的一位老者见他正在门口背书，非常的流利，于是便上前问道："你背的这一段说的是什么意思啊？"王僧孺寻思了一阵，就自说自话起来，可是说来说去也没有说清这些句子到底是什么意思，于是只能朝着老者面带羞色地笑了笑。

老者看着王僧孺不知所谓的说道，笑着对他说："把书背下来并不能算是真正的学会，只有读懂文字背后的真实意味，并能够按照文句中的意思自觉地约束与规范自己的言行，才能说是真正的学会了。否则，顶多算是一知半解。"王僧孺听了老者的话，觉得很有道理，便恭恭敬敬地向老者致谢，说："真是受教了，我一定按照您的指点去做。"

从此以后，王僧孺就边背边想，边学边问，逐渐地就理解了《孝经》的大致意思，对于如何孝敬长辈，自己头脑中也形成了深刻的概念和具体的理解，在日后的言行举止中也总是用《孝经》的要求来规范自己。

一天，父亲的朋友送来了一筐李子，看到王僧孺便随即放下筐，把他叫到跟前，对他说："僧孺，这些李子是刚从树上摘下来的，非常的新鲜，快拿几个先尝尝。"说着就抓了一把递给了王僧孺。可王僧孺却怎么也不肯接受，于是客人又抓了更多递给他，但王僧孺依旧推辞，接着解释说："非常感谢您的美意，不是我嫌少，而是受到《孝经》的启示，凡事要以孝道为先，好吃的东西要让父母先尝、先吃，自己怎么能够独享呢。"

"真是好孩子，懂事孝顺，长大后一定能够出人头地！"客人听后对王僧孺倍加赞赏。

后来，王僧孺更加地勤学刻苦，到六岁的时候就已经会写文章，七岁的时候就能够读几万字的经书，十几岁的时候就已经能够著书立说，且文辞华丽、情感奔放热烈。而且，他还十分擅长书法，写得一手好字。由此，当地的很多人都会请他去抄书、写字。而他靠抄书、写字挣来的钱大多都用来给多病的母亲买药、买补品，或是买米买面贴补家用。

可见，所谓尽孝道就要明白孝道的含义和要求，懂得尽力地奉献和付出，做到以父母为先，能够尽孝膝下，承欢父母，而不是一味地索取，什么好的东西都占为己有，自私自利。因为父母无私的爱与奉献，子女才能够茁壮成长。所以，子女需要以同样的爱来回报父母。乌鸦尚且能够反哺，更何况是我们人呢？我们应该学习这种爱人及奉献的精神，先人后己，先父母后自己。唯有如此，才算是尽到了孝道。

忠孝两全赵一德

赵一德，宋末元初龙兴兴建（今江西省南昌市建昌县）人。至元十二年（1276 年），蒙古兵大举南侵，腐朽的宋王朝最终走上灭亡，赵一德也被蒙古兵俘虏并带到了燕京（今北京），成为了燕京留守郑阿思兰家里的奴仆。就这样，赵一德在郑留守家里一待就是好多年，这期间经历了元世祖忽必烈、元成宗铁穆耳、元武宗海山三位皇帝。到元武宗即位的时候，已经过去了三四十个年头了。赵一德的思乡之情不能自已，因此，他决定向主人请求回家探望。

于是，赵一德向主人郑阿思兰和太夫人央求道："我生逢乱世，从小便离开父母，得以保全性命留在主人家为奴为仆，转眼已经有三十多年了。我的故乡距此有万里之遥，一直没有机会返回家乡，尽管内心对亲人父母十分思念，但从不敢提出回家的请求，可如今父母年事已高，如若有什么不幸，不能在有生之年再见到自己的父母，那我就成为天地之间的罪人了。"说完后，赵一德俯首痛哭，泣不成声。

郑阿思兰和太夫人听后深受感动，于是就给了赵一德一年的假期，准许他返回家乡探亲，不过一年后要按时回来。就这样，赵一德离开了燕京，向家乡的方向走去。

回到家里后，赵一德才知道，在自己离开的这些年里，父亲和兄长早已相继辞世，家中只有已经八十高龄的老母亲在堂。了解完家里的情况后，赵一德先是挑选了一块地方为父兄重新安葬，接着就尽心尽力地侍奉老母亲。赵一德虽想要用余生来好好地尽孝，但是他清楚自己只有一年的时间，做人要讲究诚信，不能出尔反尔，于是赵一德在算好了日子后便动身返回了燕京。

见到归来的赵一德，郑阿思兰和太夫人了解了他家里的情况，深受触动，不禁感叹道："一个奴隶尚且能够如此坚守信义，忠孝两全，我们又怎么忍心不成全他的一片孝心呢？"随即，郑阿思兰便将赵一德的卖身契撕掉了，让他恢复了自由身。

可没有想到，正当赵一德准备动身返乡好好侍奉母亲之际，主人郑阿思兰遭到冤杀，家中的奴仆也是"树倒猢狲散"，都避之唯恐不及。见此情景，赵一德毅然放弃了返乡的决定，留下来为主人申冤。

后来，赵一德等人终于在多次申诉后使郑阿思兰一案得以重新审理，其冤情最后也得以昭雪。冤情昭雪后，被官府籍没的财产又被全部归还，太夫人拉着赵一德的手，激动地说道："当官府前来抄家的时候，所有的亲朋好友、奴仆杂役都躲得远远的，不敢出头，只有你们几个人敢于为我们冒险，这才使我们的家业失而复得，真是疾风方知劲草，日久才见人心，我们真不知道该如何报答你们了，尤其是你，你当时已经是自由之身，完全可以选择返回家乡，尽孝于老母亲膝下。"说罢，便要赠给赵一德大量的良田美宅。

可赵一德却谢绝了，他说："我虽然身份卑贱，只是一介奴仆，但做这件事绝非是为了求利，而是为主人被冤杀而痛苦万分，所以这才不惧艰辛来为主人申冤，以报答主人之前对我的恩情，又怎么能够再接受您赐予的田产房宅呢！"说完，赵一德就拜别而去。

后来，人们听说了赵一德的事情，对他的忠孝之举都十分钦佩。

看来，忠孝是一种坚守，也是一种信义，是一种不计回报的付出和感恩，有了这样的一份情谊和爱，我们也就能够无愧于天地了。而赵一德的孝其实就是一种"移孝作忠"，把个人的小孝转化为了做人的孝义信守，能够秉持一颗赤子之心，懂得以奉养父母的心态和意志来坚守自己认为对的事情，从而对得起别人的信任，对得起自己的本心。也只有这样，做人做事秉持正道，不胡作妄为，才能使父母之名得以显扬，使自己堂堂正正地行走于天地之间，无愧于人。

杨成章半钱寻亲

杨成章，明朝道州（今湖南省道县）人，父亲是浙江长亭巡检杨泰。由于杨泰的正室妻子何氏久久不能生育，膝下没有一儿半女，为了延续香火就纳了丁氏为妾室。丁氏进门后，果然不负所望，没过多长时间就生下了一儿一女，其中那名男婴就是杨成章。

本来一切都顺顺利利，全家人也都其乐融融。可是在杨成章四岁的时候，父亲杨泰就不幸去世了，抛下了他们孤儿寡母四人。家里失去了杨泰这根顶梁柱，两个女人和两个孩子的生活一落千丈，不管是生活还是其他方面都面临着极大的困难。

后来，丁氏的父亲劝说丁氏改嫁，把杨成章交给何氏抚养，自己则带走女儿。在临别之际，丁氏万分不舍，于是便把一枚钱币一分为二，将其中一半给了何氏，并嘱托何氏在杨成章长大成人后交给他。

后来，何氏身染恶疾，在临死前把半枚钱币的来历以及杨成章的身世告诉了他。杨成章知道这一切后非常伤心，他下定决心要去寻找母亲。

经过多番打探，杨成章得知，生母丁氏改嫁到了浙江东阳郭家，还生下了一个孩子，名叫郭珉。事实上，丁氏在改嫁后也一直对杨成章念念不忘，多年来也一直在四处打听杨成章的下落和处境。后来，丁氏打听到杨成章考中了秀才，而且也在赶往浙江东阳的路上。于是，丁氏就把关于银钱的事情告诉了郭珉，并派他带着半枚钱币前去与杨成章相认。就这样，郭珉和杨成章在江西相遇，郭珉见到杨成章后说明了来意，两人随即拿出随身携带的半枚钱币进行契合，结果那两个半枚钱币合二为一。顿时，郭珉与杨成章两兄弟含着热泪紧紧相拥在一起，久久不能分开。随后，杨成章便随着郭珉来到东阳郭家看望母亲。

杨成章见到母亲后，顿时热泪盈眶，并决定要接母亲回自己家。可是母亲丁氏并没有同意，纵使杨成章后来又多次劝说，也没能成行。不过，尽管如此，杨成章也没有放弃自己要侍奉母亲的初衷。于是，他决定把家搬到浙江东阳，陪伴、侍奉在母亲左右。就这样，杨成章尽心尽力地侍奉在母亲丁氏左右，对于母亲的需求，他无不尽最大可能地去满足。

再后来，母亲丁氏去世，杨成章和郭珉相继来到京城做官。皇帝听说了杨成章寻母尽孝的事，对于杨成章的孝义很是赞赏，特地下诏封杨成章为国子学录，因而备受时人推崇。一时间，人们竞相效仿，以杨成章的孝行为榜样来立身处世。

由此推广开来，我们不难看出，一个能够尽心尽孝的人必然能够成为真正受人尊敬和崇拜的人。这样的人对待父母尽心尽力，力求能够做到承欢膝下，尽孝于父母面前，即使是有再多的困难也会尽力去办。而且，这种孝念和孝行也是立身处世的根本，如果把这种孝行延伸拓展到其他方面，倡导人们为国尽忠，对朋友守信，对自己负责等，那么社会就会更加和谐，人与人之间的关系也会更加和睦。

天子章第二

天子之孝，身体力行以化万民

天子章第二：天子之孝，身体力行以化万民

━━ 原典

子曰："爱亲者，不敢恶①于人；敬亲者，不敢慢②于人。爱敬尽于事亲，而德教加于百姓，刑③于四海④，盖天子之孝也。《甫刑》⑤云：'一人有庆⑥，兆民⑦赖⑧之。'"

注释

①恶：憎恶，讨厌。

②慢：傲慢，轻慢。

③刑：通"型"，法则，模范。

④四海：四夷。《尔雅》："九夷、八狄、七戎、六蛮谓之四海。"

⑤《甫刑》：《尚书·吕刑》的别名。《尚书》，是一部由中国上古历史文件和部分追述古代事迹著作的汇编体裁的文献。据说，该著作由孔子编选而成，其中保存了商周特别是西周初期的一些重要史料。而《吕刑》则是西周中期，由于阶级矛盾尖锐，周穆王命吕侯指定的有关刑罚的文告。后来，"吕侯"改封为"甫侯"，故而《吕刑》又称为《甫刑》。

⑥一人有庆：一人，即指天子，古代统治天下的君主帝王。庆，即善事，这里专指敬爱父母的孝义之行。天子一人有善行。

⑦兆民：兆，一说一百万，一说万亿。兆民，万民，此处指天下百姓。

⑧赖：依赖，依靠。

译文

孔子说："能够做到亲爱自己父母的人，就不应该对他人的父母生有厌恶之心；能够恭敬对待自己父母的人，也不会对他人的父母轻慢。以亲爱恭敬之心善待父母，并且能够将德行教化施之于黎民百姓，让所有的百姓都遵从效法，这大概就是天子的孝道了。《尚书·甫刑》中说道：'天子一个人有善心孝行，那么四方民众、天下百姓都会依靠、信赖他。'"

解析

《天子章第二》是在讲述作为君王天子的孝道。身为天子，虽然地位尊崇显要，但同样置身于父母与子女的关系之中，也同样要面对如何对待父母的问题。而且，天子对待父母的态度与寻常百姓相比较来说更有其重要意义和价值，毕竟"上有所好，下必甚焉"，一旦天子有了某种示范和倡导，那么下面的文武百官以及普通百姓就会纷纷效仿，自然而然地形成一种风尚。也就是说，如果天子在对待父母的时候，能够以身作则，恭敬尽心地侍奉父母，那么百姓也会受到感化，竞相行孝义之举。君主帝王富有四海，受命于天，要从容地治理好天下臣民，就必须要树立榜样和师范，并以己身博爱广敬，广播孝义，让天下百姓人心和顺。

事实上，在孔子对孝道的定义中，天子之孝是最为重要的，在五种孝道中也属于最高的层次。由此，在《开宗明义章第一》之后，作者便首先提到了天子对孝道的示范导向作用。孔子认为，天子由于其特殊的身份和地位，不仅仅要恪守孝道，而且还应该以自己作为推行孝道的榜样和示范，使天下的普通民众及文武百官都能够践行孝道，并由此逐渐形成一种博爱和广敬的社会氛围，从而使社会秩序井然有序，人与人之间更加的和谐融洽。可见，孔子对天子之孝的理解，并没有拘泥于个体的孝道本身，而是由己及人，由个体的博爱与广敬推广到大众化的博爱与广敬。而且，相对于普通民众来说，天子有着特殊的身份和地位，在宣扬德行的时候也有着某种天然的优势，统治阶级高层对下层以及被统治阶级的影响是直接而广泛的，其效果也非常的显而易见，可以说是立竿见影。

也正是因为这样，孔子对天子之孝非常重视，首先就是要竖起天子谨守孝道的大旗。而且，在本章节一开头的时候，作者就强调了以己度人的影响力，所谓"能够亲爱自己父母的人，就不会对他人的父母感到厌烦。能够恭敬对待自己父母的人，就不会他人的父母有所轻慢。"所以，人是生活在一定的集群中的，在这个集群中，人与人之间是相互影响和相互作用的，"人同此心，心同此理"一旦有一个良好的示范，就会迅速形成了一种良好的风尚。

其实，在《诗经》和《尚书》中都有许多关于"孝"的较为原始的观念和内容。而且，从《尚书》中对"孝"的记载，我们可以发现，早在尧舜和夏商时代就已经有了孝的含义，而我国最早的诗歌总集《诗经》中，关于"孝"的概念和认识更是出现了至少八次之多，可见当时社会各阶层对于孝道是十分重视的。而这一切实际上都与上层统治者的统治思想有着极大的关系。

当然，现今社会早已没有了古代封建社会那一套陈腐落后且尊卑分明的天子、诸侯、卿大夫的等级分别，人们享有平等的权益，但是社会依然是一种分层的状态，普通民众和政治上层或是公众人物在影响力和宣传力上仍旧存在很大差别，这也就是所谓的"公众效应"。所以，现今社会依然"上行下效"的影响机制仍旧存在，社会上层的道德倡导与修养准则会对下层产生深刻且直接的影响。所以，一项政策的推行，一种美德的普及，不仅仅需要我们每个人从自身做起、从小事做起，更需要高层或是上层的公众人物能够率先起到示范榜样作用，以此来带动普通大众的积极追求。

■ 故事链接

汉文帝以孝治国

汉文帝刘恒（公元前202—前157年），汉高祖刘邦的第四子，母亲名唤薄姬。原本，薄姬是项羽部将魏豹的妾室，后来魏豹被韩信击败，薄姬被召入汉宫，之后她便有了身孕，生下了儿子刘恒。

到刘恒八岁的时候，刘邦封刘恒为代王，并准许薄姬和刘恒一起前往代地。到了远离皇城、贫寒异常的代地之后，刘恒便与母亲薄姬相依为命。

刘恒继位登基后，薄姬却身染重病，这一病就是三年。在这三年的时间里，刘恒亲自陪伴在母亲身边，尽心侍奉，凡有所需无不满足，而且他为了照顾卧病在床的母亲，几乎是目不交睫、衣不解带，甚至还亲自为母亲试药，等到冷热合宜的时候才放心让母亲服用。

汉文帝刘恒的这一孝行赢得了文武百官和百姓们的一致拥戴和赞赏，并以此为榜样，以孝来约束和规范自己的言行。也正是因为这样，君民才能同心戮力，为开创后来的"文景之治"奠定了坚实的基础。

汉文帝不仅对自己的母亲满怀孝心，在治理国家的时候也同样以一颗孝心来规范指导自己的行为。比如在登基称帝之初，刘恒就下了一道"大赦天下"的圣旨，以表示自己治理国家的仁爱之举。不过，这与以往的很多皇帝其实也没什么两样。接着，刘恒又下了第二道圣旨，其主要改革举措就是"定振穷""养老""令四方毋来献"。显然，这不是哪个皇帝都能够做到的。在这一系列的圣旨中，我们不难发现刘恒爱护百姓、体恤民情、关心老年人养老问题的治国思想。而且，据文献资料显示，"对八十以上的老人，每人每月可以赐给米一石，肉二十斤，酒五斗；九十以上的老人，每人再加赐帛二匹，絮三斤。赐给九十岁以上老人之物，必须由县丞（县令的属官，职权仅次于县令）或者县尉（仅次于县丞）送达；其他由啬夫（乡的官吏）来送达。"

这是汉文帝以国家的意志来表达自己的孝心。这对封建王朝的帝王来说可谓是千古未见。由此，人们对汉文帝越发地拥护和爱戴，每每感念皇帝的仁德。另外，汉文帝为了成全孝道还特地废除了酷刑。刘恒是个大孝之人，对于同样具有孝心的仁孝之人也具有怜爱同情之心，对他人也常常有所照顾。而对酷刑的废除其实就有感于"缇萦救父"的孝行。

当时，有个叫淳于意的读书人，他洁身自好、刚正不阿，由于耻于与贪腐分子为伍，便辞去了太仓令一职，转而做起了济世救民的医生。但事有疏漏，一次淳于意在给他人治病的时候得罪了一位很有权势的人，被告误诊致人丧命，而按照当时的刑律，要被处以"肉刑"。"肉刑"是一种非常残酷的刑罚，或是被割去鼻子，或是被砍去一足。小女儿淳于缇萦听说父亲遭此厄祸，满腹愁绪，于是便自告奋勇拿着写好的奏折前往宫门口申诉冤情。

后来，汉文帝刘恒听说了这件事，也非常重视，亲自查看了奏折，只见上面写着：我是太仓令淳于意的小女儿缇萦。我父亲在做太仓令时，为官清廉，众所周知，人人称赞。这回他无意间犯了罪，就要被判处"肉刑"。现在我不仅为自己的父亲难过，更为天下所有要被判处"肉刑"的人难过伤心。要知道，受过刑的人就再也不能长出新的肢体，即使以后想要改过自新，也已经没有回头路了，人们都会拿异样的眼光来看待，犯罪当事人也会自暴自弃。所以，我甘愿舍身给官府为奴为婢，替父亲赎罪，好让他今后有个改过自新的机会。

汉文帝刘恒看了缇萦孝感动天的奏折，大受触动，于是下诏，废除肉刑。就这样，"缇萦救父"被人们传为美谈，而刘恒的孝义和仁德也随之传扬在四海之内，人尽皆知。人们对刘恒这位皇帝更加赞赏和仰赖了。结果，汉文帝刘恒在位二十四年，重德治，兴礼仪，注意发展农业，使西汉社会稳定，人丁兴旺，经济得到恢复和发展，成就了历史上前所未有的一个繁荣高峰。

由此可见，孝道在每个人心中都具有十分强大的力量，能够给人以感召和启示。尤其是占据统治地位的天子，身居高位，号令天下，他们对孝道的倡导和重视不仅仅体现在个人言行之上，重要的是能够以天子之孝来服化万民、教育四方。唯有如此，政治统治才能安定稳固，社会才能安定和谐。这也从侧面说明了，孝道的推行不仅仅是普通民众个人的责任，还需要政府、社会以及具有影响力和号召力的人物共同作用形成合力。只有这样，才能够产生事半功倍的效果。

虞舜孝感动天

舜（约公元前 2277—前 2178 年），传说中的远古帝王，五帝之一，姓姚，名重华，号有虞氏，史称虞舜。舜的父亲被称作"瞽叟"，是个盲人，性格顽固执拗、不辨是非，偏听偏信。舜的生母很早的时候就去世了，瞽叟后来又娶了一个女子，这女子又生了一个孩子，名叫象。此后，瞽叟对舜越发地忽视和冷漠。而且，继母也对舜多方苛责，百般刁难，尤其是生了象之后，对虞舜更是怎么看都不顺眼，总想着把他赶出家门。

象也是个不辨事理、不讲亲情、心术不正的人，在父亲瞽叟和母亲的溺爱下，狂傲任性、蛮不讲理，对舜不仅丝毫没有恭敬之心，还常常抢夺本该属于舜的东西，甚至为此多次和母亲一起陷害舜，想要把舜扫地出门甚至置于死地。

在继母和弟弟的挑唆下，父亲瞽叟对舜的态度更加冷漠，甚至是十分厌恶，还下定决心要除掉这个"不孝子"。这天，正巧屋顶出现了破损，瞽叟便让舜上到屋顶进行修补。而他却在下面，偷偷地把梯子搬到了一旁，并且放起了火。他打算就这样神不知鬼不觉地烧死舜。慢慢地，眼看着火势越来越大，舜最后只得用两顶斗笠护着身体从屋顶跳了下来，才总算躲过了一劫。

一天，瞽叟让舜给家里挖一口井。可没有想到就在将要挖出水的时候，瞽叟竟然把井绳抽走了。不仅如此，瞽叟还和象一起迅速地往井里填土。这时舜灵机一动，赶紧抓起手中的铲子朝着土质松软的一侧井壁挖去，挖了一整夜的时间，才总算挖通了一个出口，逃出了困境。

休息了一下，体力恢复了些，舜就丢下铲子朝屋里走去。谁承想，一进屋，就听到自己的弟弟、继母还有父亲正在商量着如何分割自己屋子里的财物。象说："这个主意是我最先想出来的，所以舜的妻子和琴应当归我，其余的牛、羊、粮仓分给父母。"说着说着，象就拿起琴鼓弄起来。

正在这时，象突然看见站在门口的舜，顿时神色惊愕，停了一会儿才虚情假意地说："我是在思念哥哥，正在忧郁伤心呢。"舜回应说："是啊，我们兄弟间的情谊是深厚的，应该相互关心才是啊。"舜仍旧一如既往地对父亲恭恭敬敬、尽心尽力，对继母宽容大度，对弟弟也是友爱有加，经常为弟弟的事情奔波劳碌，从不抱怨。

帝尧在挑选继承人的时候听说了关于虞舜孝顺父母的事情，认为这是一个可以托付大事的人。就这样，帝尧在几经测试之后，更加坚定了自己的认识，舜这个人不仅非常孝顺，而且很有处理政事的才干，为人也不偏不倚，很是公正认真。结果，帝尧就放心地把自己的两个女儿和整个华夏部族都交到了虞舜的手上。而虞舜登上帝位之后，也始终不改初心，仍然不忘时常去看望父亲，还用心良苦地封了象为一方诸侯，磨砺他的心性，使他最终成就了一番事业。

由此可见，孝道是一种始终能够保持初心的坚持，不管遭受怎样的待遇都能够一以贯之。身体力行地坚持孝道，是上至天子，下至黎民都应该具备的行为规范。而对于天子而言，能够身体力行地坚持孝道，其作用不仅体现在其一身一家，而且能够开一国之风气，引天下之潮流。毕竟，有道是"上有所好，下必甚焉"，上层统治者的身体力行或极力倡导必然会引起社会风气的变化，从而使得全国上下尊孝重孝，以奉行孝道为荣，以背离孝道为耻。

康熙一片孝心待祖母

爱新觉罗·玄烨（1654—1722 年），也就是康熙帝，清朝的第四位皇帝，清朝定都北京后的第二位皇帝。他八岁登基，十四岁亲政，在位六十一年，是中国历史上在位时间最长的皇帝。而且，在他亲政期间，除鳌拜、平三藩、收台湾、亲征噶尔丹，这一切都充分展现了他的雄才大略。康熙皇帝奠定了清朝兴盛的根基，开创出了"康乾盛世"。

当然，在称赞其功业的同时，人们对他的孝道也是倍加推崇。

康熙的祖母孝庄太后晚年患有严重的皮肤病，在近十年的时间里连续六次去不同的温泉进行疗养，每次时间有长有短，最长的一次长达七十三天，康熙每次都亲自陪同，把祖母照顾得无微不至。从出发到途中进膳，从行宫布置到之后的行程路线，康熙都仔细地安排妥当，甚至亲自准备。有一次，在结束疗养后，返程的时候路逢大雨，道路泥泞不堪，康熙不放心祖母安全，便亲自护持祖母的辇辕。

另外，孝庄太后因为笃信佛教，所以去五台山菩萨顶礼佛，是她多年以来的夙愿。为了满足祖母的心愿，康熙特地率领皇太子一行人前往五台山查看了环境，并且表达了祖母的敬佛之心，还为五台山专门拨了修缮款。

后来，随着孝庄年事不断增高，康熙更是无时无刻不在牵挂祖母的身体状况。在孝庄去世之时，康熙昼夜痛哭不止，以至于吐血昏迷。

就这样，康熙大帝由一己之孝而化及万民，不仅为清王朝建立了不世的功业，也为后人树立了一位孝道的楷模，使人们对他越发敬重，人们也都把孝道作为立身处世的重要准则，无不奉行。

诸侯之孝，立身行事切合要道

诸侯章第三：诸侯之孝，立身行事切合要道

■ 原典

在上不骄①，高②而不危；制节谨度③，满而不溢④。高而不危，所以长守贵也；满而不溢，所以长守富也。

富贵不离其身，然后能保其社稷⑤，而和⑥其民人⑦，盖诸侯之孝也。

《诗》⑧云："战战兢兢，如临深渊，如履薄冰。⑨"

注释

①骄：自满，自大。

②高：地位崇高，高高在上。诸侯的地位仅次于天子，为一国或是一地之主，可谓是一人之下万民之上。

③制节谨度：开支费用节约俭省称之为制节，行为举止谦逊谨慎而合乎典章制度称之为谨度。

④满而不溢：满，充满，盈足，代指国库充实。溢，漫出，代指奢侈浪费。国库充实、钱财很多，但是仍旧需要节约俭省，不能够浪费。

⑤社稷：社，土神。稷，谷神。社稷，代指国家。由于土地和谷物是国家的根本和基础，所以，古时立国必须先祭祀社稷，一般来说祭祀社稷的只能是诸侯和天子。可若是天子和诸侯失去了权势和地位，也就失去了祭祀社稷的权利。

⑥和：动词，使人民和睦相处。

⑦民人：人民，百姓。

⑧《诗》：即《诗经》。在先秦和西汉之前，人们常称之为《诗》，或是取其数字的整数为《诗三百》。到西汉时，汉武帝尊崇儒学，重视儒家著作，视为经典，为《诗》加上了"经"，从此便称之为《诗经》。

⑨战战兢兢，如临深渊，如履薄冰：战战，恐惧的样子。兢兢，谨慎的样子。临，靠近。渊，深水，深潭。履，踩踏。选自《诗经·小雅·小旻》，在诗中作者写了当时周幽王不能听取良谋、采纳雅言，贤人大都有临渊履冰之惧的状况。在诗作中，作者以讽刺的口吻揭露了统治者轻贤人重奸佞，致使国事不可为，字里行间流露出了对黑暗腐败统治的愤恨和忧国忧时的思想感情。而《小雅》是《诗经》组成部分之一，共七十四篇，大抵产生于西周后期和东周初期。一部分是宴会的乐歌，较多的是反映统治危机，关于战争和劳役的作品以及对此表示忧虑的政治诗。

译文

身为一方诸侯，身居高位，如果在众人面前没有丝毫的骄傲之态，就不会有倾覆的危险。如果凡事都能够做到节约俭省，言行举止也都能够谦逊谨慎而合乎典章制度，那么即使是府库的钱财再充裕丰盛也不会胡乱挥霍。身居高位却没有倾覆的危险，所以才能够守住并长久地拥有尊贵的身份及地位。府库里面的钱财不随意地挥霍浪费，所以才能够守住并长久地拥有已有的财富。

只有长久地拥有尊贵的地位和丰盈的财富，才能够保得住国家的江山社稷，使自己国家的黎民百姓之间能够和睦相处。这大概就是作为诸侯而应该有的孝道吧。

《诗经·小雅·小旻》中写道："无论是什么事情都要做到戒慎恐惧、

小心谨慎，就如同是自己身处在深水潭边生怕坠落，如同是自己踩在薄冰之上生怕陷落下去那样。"

解析

《诸侯章三》是在讲述作为诸侯应有的孝行。在这里，作者所说的孝道就与纯粹的伦理孝道已经有了一定的差别。与其说这里是在讲孝道的延伸意义，不如说是在讲作为诸侯身份彰显孝道的基本条件和关键要素。简单来说，这里的"孝道"就是诸侯要求做到"在上不骄""制节谨度"。而且，这里的诸侯是广义的概念，它包括公、侯、伯、子、男五等爵位。

追本溯源，诸侯源自西周时期的分封制度。当初，周朝天子为了有效维护自身的统治，把天下分成许多个小的列国，而所分封的列国的国君就是所谓的诸侯。不过，诸侯是按照其与周天子的亲疏关系以及所立功勋的大小来进行分封的，由此也形成了不同的爵位。据《礼记·王制》中的记载显示，"王者之制：公、侯、伯、子、男，凡五等。"同时，按照分封制的规定，诸侯的爵位和封地可以世袭，但是必须要服从周天子的命令，有为周天子镇守疆土、随从作战、交纳贡税、来周朝觐见及向周天子述职的义务。

就这样，诸侯与天子是属于一种比较宽松的统治与被统治的关系。而在诸侯的封地之内，诸侯又可以根据自己的意愿对卿大夫等人进行再次分封，卿大夫再次对下一级单位进行分封。由此，层层分封下去就在统治阶级内部形成了森严的"天子——诸侯——卿大夫——士"等级。诸侯在自己的封地里面，则拥有绝对的控制权和管理权。也正是因为这样，诸侯相当于是一个小范围的天子，在说完天子之孝后自然要谈及诸侯之孝。

诸侯是仅次于天子的一地之主，作为诸侯应该遵守的孝道，作者认为最主要的就是能够"在其位，谋其政""修其身、美其德"。这是孝治的基础，也是得以保全权势、地位以及财富荣耀的关键和核心。人们常说，"月盈则亏，水满自溢"，这是自然界不容置辩的客观规律。由此，人们也延伸出了"登高必跌重""富不过三代"等一系列的说法。但是，孝心、孝行的保持却能够让我们拥有的一切变得永无止境、绝不亏损和溢出。

具体来说，就是诸侯身居高位而不骄不躁，不会因为自己独特的身份和地位而狂傲自大，目中无人，任意妄为，而是始终抱着一种谦逊自守的心来待人接物、处理事情，那么不管是处在怎样的风口浪尖，身居怎样的看似摇摇欲坠的高位，也都会稳如泰山，长久地保持而不会有任何的风险。同时，持身节约、小心谨慎，从不奢侈浪费，不一味地将就排场和面子，对于地方财政经济事务也有提前的安排和计划，懂得按照既定的规划来合理安排开支用度，做到量入为出、谨慎开支，那么财富就不会缩水，不知不觉地从我们手中流逝，甚至在急需要用资金的地方捉襟见肘，久而久之一无所有。因此，财物充足、运用恰当，即使是拥有再多的财富也不用担心会"物极必反"，自然也就能够长久地保持富贵。

诸侯若是能够长期地保持自己的尊贵和财富，使权势和财富时刻在自己身边触手可及，那么尊贵和荣耀便永远不会离散，自己作为诸侯也就能够每年祭祀社稷之神，保有自己封地内的江山社稷。而且，在这样具有不骄躁、不奢侈挥霍的品德和作风的诸侯领导下，百姓们也能够做到各安其位、各谋其职，一切井然有序地开展和进行，人与人之间和乐相处。当然，诸侯要想达到这一点，在身居高位、富有四海之时，就需要时时刻刻保持警惕敬畏之心，严格约束和要求自己，不能有丝毫的松懈和怠惰、奢靡和无度，这份危机感就好比是自己踩在薄冰之上，身临万丈深渊之边。否则，就难以逃脱"月盈则亏，水满自溢"的怪圈，权势与富贵终有一天会随风飘散。

因此，尤其是身处高位、手握权势和财富的人，更要注重自我的品行管理和行为管理，这是一种持身的智慧，也是要获得一种长久自由和潇洒的重要保障。当某种戒律和规范成为自己的一种操守和习惯时，如果我们能够坚持操守和习惯，就能够自由地享受拥有的一切，包括权势和富贵以及名誉等，并且能够消除后顾之忧，安然享受幸福美满的生活。当然，有得有失，相应地，我们也要付出一定的代价，那就是克制自己的贪念和欲望。

■ 故事链接

郑庄公掘地见母

郑庄公（公元前757—前701年），姬姓，名寤生，郑武公之子，春秋初期著名的政治家，郑国第三任国君。而说起"寤生"，则是源自他的出生情况，"寤生"其实就是逆生（新生儿足先出）的意思。当时，郑庄公的母亲武姜在生产他的时候，痛了一天一夜，结果是脚先出来的，所以父亲郑武公就为其取名为"寤生"。母亲武姜也因为自己难产而对这个新出生的孩子充满怨愤，认为这是他天生的不孝，很不喜欢他，甚至一度想要害死他。

后来，武姜又生了一个小儿子，名叫共叔段，因为是顺产的原因，武姜对共叔段比较喜欢，百般宠爱，而对寤生这个长子却总是看不顺眼，时不时地刁难。但是，寤生对母亲武姜却是非常孝顺，不管母亲怎么刁难自己、偏向弟弟，他都毫无怨言。不久，郑武公去世了。按照祖制，王位顺理成章地由长子继承。就这样，寤生成为了郑国国君，也就是郑庄公。郑庄公即位以后，对母亲武姜更加孝顺，对弟弟共叔段也非常的照顾和宽容。可是，母亲武姜由于偏向小儿子共叔段，一心想要把他扶上王位，总是在暗地里千方百计地帮助共叔段，培养其反动势力，希望在共叔段强大的时候把郑庄公取而代之。

在共叔段被封到京邑后，母亲武姜更是怂恿共叔段在封地招兵买马，修筑城墙，积极地准备谋反。不料事情败露，郑庄公得知此事后，在众大臣的一致要求下果断平定了共叔段之乱，有效巩固了政权，稳定了统治。通过这件事，郑庄公对母亲武姜失望之极，在平定叛乱后对母亲武姜愤然起誓："我们不到黄泉，永不相见！"而为了不再看见他的母亲，庄公便命人把母亲武姜送到了城颍居住。

但是，不管怎么说，郑庄公毕竟是个孝子，对母亲的失望和愤怒也只是一时之气，事情平息之后，他便开始后悔自己的誓言，对母亲非常思念。不过，作为一国之君，对自己说过的话又不能出尔反尔，随意更改，于是每天都为此事而犯愁，茶不思饭不想。颍城的地方官颍考叔敏锐地发现了庄公忧愁的症结，于是便在庄公的一次用餐上故意上演了一出好戏。在宴会上，颍考叔把一些好吃的东西偷偷地放在了自己袖子里。庄公看到后，不禁问道："你这是何意啊？难道还要连吃带拿吗？"颍考叔回答说："其实是因为，我的母亲常年在乡下，没有吃过君上赏赐的食物，我只是想把这些美味的食物给母亲带一些回去，以表示我的一片孝心。"庄公听了颍考叔的话非常受触动，随即就想到了自己的母亲，顿时泪流满面。颍考叔看着庄公的反应，也洞悉了他的心理，于是便私下对庄公说："我知道您也非常思念自己的母亲，只是君子先前有言，不能随意违背更改，不过我们可以挖个地道一直到地下有泉水的地方，权当作黄泉之地，然后再筑成甬道和庭室，在那里，您和母亲见面不是就不违背誓言了吗？"庄公听后认为可行，就全权委托颍考叔办理此事。

后来，颍考叔很快就在襄城的地下挖出了一个地道，布置好了一切，请庄公在那里与母亲武姜见面。此时，武姜也早已认识到了自己的错误，对自己之前的所作所为也深感愧疚和后悔，而庄公对自己一气之下所发的誓言非常懊悔。就这样，母子二人见面后便抱头痛哭，从此摒弃了前嫌和芥蒂，重归于好。

这就是郑庄公"掘地见母"的故事，而从这个故事中，我们不难看出，庄公是一个不折不扣的大孝子。也正是因为他的孝心、孝行再加上雄才大略，才最终使他成就了一番霸业。

事实上，我们在生活中难免会和父母发生冲突或是矛盾，但不管是怎样的矛盾，我们都应该秉持一份孝心，不能总是耿耿于怀，而要想方设法地化解矛盾，使彼此冰释前嫌，和睦相处，相亲相爱。即使是我们身居高位，在人前拥有常人难以比肩的权势和地位，也要保持一份本心，不骄不傲，无论是言行还是举止在父母面前都要合乎礼制要求，不得因为身份地位的改变就趾高气扬，而忽略或淡漠了作为人子或人女的最基本的孝道。庄公掘地见母的故事，其实就告诉了我们身为诸侯的孝道之义。要知道，越是身居高位，越是应该战战兢兢，有所畏惧，能够坚守本心，避免做出对不起自己父母和先人的行为。所以，地位越高使命越重，责任越大，万万不可以生出骄慢之心。

卿大夫章第四

高官之孝，言行衣饰皆遵礼法

卿大夫章第四：高官之孝，言行衣饰皆遵礼法

■ 原典

非先王之法服①，不敢服②；非先王之法言③，不敢道；非先王之德行④，不敢行。

是故非法不言，非道不行；口无择言⑤，身无择行⑥；言满天下无口过⑦，行满天下无怨恶⑧。三者⑨备矣，然后能守其宗庙⑩，盖卿大夫之孝也。

《诗》云："夙夜匪懈，以事一人。⑪"

注释

①法服：古代服装有不同的花纹、着色、质料和式样等，而不同等级、不同身份的人所穿的衣服有不同的规定。这里是指按照礼法用以区别人们身份等级的服装。

②服：穿戴，穿着。

③法言：合乎礼仪规范的言论。

④德行：合乎道德准则的行为。

⑤口无择言：因为所说的话都合乎礼法规范，所以用不着选择和斟酌取舍。

⑥身无择行：因为行为举止都合乎道德准则，所以不必特意去考虑和揣度。

⑦口过：言语中的过失或不当之处。

⑧怨恶：怨恨，厌恶。

⑨三者：指法服、法言、德行三方面。

⑩宗庙：古代人们为了祭祀祖先而建立的居所或屋舍。

⑪夙夜匪懈，以事一人：夙，早。匪，通"非"，即"不"的意思。懈，懈怠。一人，代指天子，这里指周宣王。选自《诗经·大雅·烝民》，诗中描写叙述了周宣王命卿大夫仲山甫筑城于齐，他从早到晚毫不松懈，尽心尽力地侍奉宣王一人。于是，尹吉甫作诗以送之。

译文

不是合乎先代圣明君主制定的礼法规范的服装，不能够随便地穿在身上。不是合乎先代圣明君主礼法的言语，不敢轻易地说出口。不是合乎先代圣明君主实行的道德规范和行为准则，不敢随便去做。

所以，一定要做到不合乎礼法的言语坚决不说，不合乎礼法道德规范的坚决不做；开口说话不需要事先选择斟酌就能够合乎礼法，自己的行为举止不需要特意考量和权衡就能够保证不会有违道德准则；所说过的话传遍天下也不会有人发现会出现什么过失或是不当之处，所做的事情人尽皆知也不会招致他人的憎恨和厌恶。法服、法言和德行三方面都能够做到完备齐全了，都能够遵从先代圣明君主的礼法及道德要求，如此才能够守得住自己祖先的香火，使其能够延续兴盛，这大概就是卿、大夫的孝道吧。

《诗经·大雅·烝民》里说："从早到晚都不敢懈怠，时刻保持勤勉，专心地侍奉天子。"

解析

《卿大夫章四》是在讲述天子或是诸侯的辅佐官员卿、大夫应有的孝道。在这里，卿是王朝和诸侯国中职位较高的官员，是决策集团，又称之为"上大夫"，地位比大夫要略高一些。不过在统治阶级内部，不管是卿还是大夫，都是天子或是诸侯的辅佐官员，属于权力的决策层和支配群体，在一定的疆域内具有非常大的影响力。他们的职责是守土安民、护卫家国。虽然其地位不及诸侯，但是其起到的实际作用却要远远大于诸侯或是天子，因为他们才是各种政策的贯彻推动者。也正是因为这样，作者对卿、大夫的孝道非常重视，放在了诸侯之后，列为第四章。

相对于天子和诸侯的孝道来说，卿、大夫的孝道更多的是体现在其服饰、言语、行动以及德行上是否能够合乎立法规范、道德准则和行为典范，是否能够大范围地推广开来而不被人诟病责难，是否能够起到示范模范的作用。因为，对于卿、大夫来说，他们占据着一个"承上启下"的关键位置，在上要对天子或是诸侯负责，在下则全面接管内政、外交等众多方面的事务。所以，礼仪规范、言行举止显得至关重要，服饰、言语、行为、品德等都要合乎礼法道德的规范，合乎自己身份赋予的规定。一旦逾越或是随意为之，就会带来极为不利的影响，从而最终使自己无法恪守孝道，宗族蒙羞，宗庙祭祀不保。

由此，国家或是封地所规定的表明身份和等级的服装，不能够随意乱穿，而要得体适宜；不是国家或是封地礼法规范内的言语，决不能不计后果地信口胡说，而要经得起他人的推敲和审视；不是合乎道德行为准则的德行，决不能胡乱妄为。要知道，卿、大夫身居高位，众目所瞩，一言一行、一举一动都备受关注，都会不知不觉地在极大范围内进行传播，使得越来越多的人知晓。因此，只有说出来的话，即使是传遍天下也不会有人挑剔出错误，穿着的衣服、做出来的行为等即使是明明白白地放在大众面前，也不会有人检出什么不当、不法行为，使得百官和百姓没有憎恨和怨愤，如此，卿、大夫才能够更好地应对各种挑战。

这样一来，卿、大夫在自己的位置上，也就能够很好地发挥良好的示范作用，在上对得起天子或是诸侯的重托，在下能够在无形中引导大众向着积极、正能量的方向发展。卿、大夫本人也就能够稳固地占据自己的权势和地位，能够光耀门楣，使得宗庙祭祀之礼照常奉行，父母声名也会得以显扬，从而更好地保证自身孝心、孝行的实施。所以，卿、大夫的言行举止、品德操守、进退取舍都关乎最终的孝道能否实现，服饰、言论和德行三者皆备才是一种忠孝两全的孝义。正因为这样，作者在这一章节的最后又引用了《诗经·大雅·烝民》里的两句话，"为人部属的，从早到晚都要勤勉尽责，把自己该做的事情都做好。"显然，卿、大夫要秉持孝行，也就恪尽职守。而恪尽职守就需要满足作者在文中提到的三个条件。

■ **故事链接**

包拯孝养双亲放弃仕途

包拯（公元999—1062年），字希仁，庐州合肥（今安徽合肥市）人，北宋名臣，又称为包公，以廉洁公正、立朝刚毅、敢于替百姓申冤鸣不平而闻名，素有"包青天"的美誉。

宋仁宗天圣五年（1027年），包拯凭着自己的才学顺利考中了进士。按照当时的规定，只要考中进士就有资格做官。包拯考中进士后被授任为建昌县知县。按理说，这是一件大好事，可是包拯却怎么也高兴不起来。原来，包拯需要去就任的建昌县离家非常远，他的父母年龄都大了，经受不住长途跋涉的艰辛，没有办法和他一同前往。包拯一直秉持"父母在，不远游"的信条，不愿意也不忍心抛下父母独自一人离开。权衡再三，包拯最终还是选择和父母待在一起，尽心地侍奉双亲。于是，包拯就上书皇帝，请求皇帝能够把他安排到离家近的地方任职。

皇帝看到这样的请求，起初并不乐意，甚至有些气恼，毕竟官员任职地方不是谁想去哪就去哪的，需要统一安排。但在了解了其中的缘由后，皇帝被包拯的孝心感动，于是下令让包拯到与他家乡庐州相邻的和州（今安徽和县）出任监税官，专门负责钱粮税收。包拯在接到这个消息后，立即就回家告诉了父母，希望父母能够和自己一起前往和州赴任。可是，父母舍不得离开已经生活了几十年的地方，仍然不愿一同前往，但一想到儿子要去外地做官，他们的心中又不免难过。这一切，包拯看在眼里，既心疼又着急。思来想去之后，包拯决定再次上书请辞，留在家里专心侍奉父母。毕竟，父母现在年纪越来越大了，身体一天不如一天，把父母留在家里，自己去上任终究是放心不下。而且，为国尽忠之日尚长，行孝之日却渐短了。

皇帝接到包拯的请辞后，一方面再次被他的孝心打动，另一方面也为这样心存孝道的人不能马上为自己所用而感到遗憾。包拯为了侍奉父母而接连请辞的事情传开了，人们都对这个年轻人交口称赞，并一致主张要准他辞官回乡照顾父母。就这样，皇帝同意了包拯的请辞。包拯留在家乡专心侍奉父母，一直到父母去世。在这期间，包拯每天都尽心尽力、无微不至地照顾父母，没有丝毫的怠慢。而且，就算是父母亡故之后，包拯也并没有马上离开，而是在父母的坟前搭了一间草庐，为父母守丧。由此，包拯赢得了"墓旁孝子"的美称。

直到三年守孝期结束，包拯三十八岁的时候，皇帝又召他入仕，他才重新踏入官场，赶往天长县（今安徽天长）担任知县。这时，距离包拯考中进士已经整整过了十年，他也在家尽心侍奉了父母十年。步入仕途后，包拯为官二十六年，不管职位如何变化，他始终都坚守

"清心为治本，直道是身谋"的为官哲学，铲奸除佞，忧国爱民，死后被追封为"孝肃公"，为世代所歌颂。

由此可见，所谓孝道其实就是要凡事都能够合乎礼法规范和孝道约束，侍奉父母无论在言语、行动、德行上都要能够做到无可挑剔，而不是为了个人的私利使得礼法和规制有所荒废和疏忽。当然，也只有真正践行孝道的人能够切实地去践行作为高官的孝道。看来，为父母尽孝是做人的根本和最重要的事。虽然如今人们的生活节奏越来越快，生活工作压力越来越大，在家照顾奉养父母的时间和精力都非常有限，但还是要尽量陪伴父母，在言行举止等各个方面都要尽量做到尽心孝养父母，千万不要等到父母不在的时候再追悔莫及。

乞伏宝真心侍继母

乞伏宝，北魏献文帝拓跋弘时高车部（敕勒族）人。他的父亲乞居，曾任散骑常侍，后赐爵宁国侯，以忠义谨慎著称，常常陪伴、侍奉在皇帝左右，深受重用。而且，献文帝为了彰显对乞居的恩宠，还特地赏赐宫女宗氏为其妻，也就是乞伏宝的母亲。可是不幸的是，乞伏宝的母亲宗氏没过多长时间就去世了。

年幼丧母对乞伏宝来说是个不小的打击，乞居对此也深为忧虑和担心，所以打算再娶一房妾室。后来献文帝又赏赐给了乞居一位宫女申氏，于是她便成为了乞伏宝的继母。

但是，申氏并非良善之辈，乞伏宝时不时就要承受来自继母申氏的苛责和虐待。在继母申氏的脸上，乞伏宝从未看到一丝的笑容，也丝毫感觉不到一点所谓母亲的温情。有时候，面对继母申氏，乞伏宝甚至吓得直打哆嗦，生怕什么事情做得不对、什么话说得不当，惹继母生气发怒。

平时，本来该仆人干的重活，继母就让乞伏宝去干，还时不时地打骂责难。父亲对这一情况也时有见到，也曾责问过申氏，可申氏毕竟是皇帝御赐的宫女，终究不能太过分。乞伏宝也知道父亲夹在中间很为难。所以，每当父亲问起他的近况时，乞伏宝都会说："继母待我很好，没有她的照顾，我不可能一天天长大，也不会知道要尊敬长辈、勤劳吃苦的道理。有继母的悉心照顾，父亲不用为我费心。"父亲乞居听了，内心一阵酸楚。而从那以后，乞伏宝为了不让父亲为自己操心，也为了家庭和睦，对继母申氏更加恭敬顺服，不管是什么事情都没有一句怨言。

乞伏宝长大后，继承了父亲乞居的官位。在这之后，乞伏宝对继母仍旧一如既往，甚至比以往更加恭敬。乞伏宝每次得了俸禄或是什么赏赐，都会完完整整一分不少地交到继母的手里，由继母来支配安排。有时回家的时间晚了，乞伏宝不管是被什么事情耽搁了，都会原原本本地告诉继母，以免继母担心挂念。

但是随着继母年龄越来越大，性格也越发地古怪专横，对别人的话可以说是丝毫听不进去。而乞伏宝对此也能以自己的孝心和耐心化解，从来不与继母起正面冲突，继母即使有不对或蛮不讲理的地方，乞伏宝也不会直接顶撞继母。

后来，乞伏宝升任大将军，因为自己的住所距离家变得比较远，每天回家照顾侍奉继母很不方便，于是他就打算让继母和自己一起搬到新住所居住。起初，八十多岁的继母申氏说什么也不答应，乞伏宝多番劝说才总算说服她。而在前往新住所的路上，乞伏宝不仅亲自扶着继母上下车，而且还用手紧紧地扶着车辕，以免继母受到惊吓。

就这样，在乞伏宝的一路精心护送下，继母申氏来到了新住所。而在这新住所中，继母申氏一住就是三年。在这三年的时间里，乞伏宝无论何时、自己遭遇何等困境、身陷何种困扰，都始终保持最好的状态，和颜悦色地照顾继母，从无丝毫的懈怠和疏忽。直到继母去世，乞伏宝的恭敬孝顺之心都没有改变过。

虽说申氏是乞伏宝的继母，但是无论如何都是母亲，是长辈，身为人子也就应当按照礼仪规范来尽心尽力地孝养继母。显然，乞伏宝真正做到了这点，也为我们树立了孝道的典范。毕竟，这点在如今很多人看来都是难能可贵的。实际上，很多时候，我们之所以不能敞开胸怀去孝顺继母，是因为我们的心中怀有成见。如果能够放下这种成见，一视同仁地去爱家庭中的每个成员，那么，即使当下有一些矛盾和摩擦，也必将会被真心和爱所消除。俗话说"不是一家人，不进一家门"，那么既然在一个家门里，就都是我们的家人，只要以爱对待家人，也必将获得家人爱的回应。所以，孝道的践行要体现在言行举止的每一个细节之中，要使自己的每个行为都合乎孝义。

李密痛上《陈情表》

李密（公元 224—287 年），字令伯，一名虔，犍为武阳（今四川彭山）人，西晋初年官员，著名文学家。

李密在出生仅仅六个月的时候，他的父亲就去世了，到了四岁的时候，他的母亲何氏又在舅父的强迫下改嫁他人，他完全是在祖母刘氏的抚养下长大的。而祖母刘氏为抚养李密长大成人，不得不拖着年迈久病的身子，每日里上山砍柴、下地耕耘，含辛茹苦，备受苦难的折磨，生活很是艰辛。但是，祖母刘氏对李密始终是尽职尽责，不仅负责他的衣食起居，还要尽力让他多读书，长些知识和学问，以便以后能够出人头地。实际上，李密也确实不负祖母刘氏的期望，他读书明理，对祖母刘氏也非常的孝顺。祖母刘氏年纪大了，为了能够更好地照顾祖母，李密每天晚上睡觉的时候都会穿着衣服，丝毫不敢懈怠。而每次给祖母的汤药、饭食，李密都会先尝尝冷热，再喂给祖母。他的孝行不久便传遍了乡里，远近闻名，深受人们的尊敬和喜爱。

泰始三年（公元 267 年），晋武帝司马炎立太子，听说了李密的才识和孝行，下诏委任他为太子洗马（太子的随从官员）。而且，委任的诏书一个接一个地下来，郡县也不停地催促李密赶紧前去上任。可是当时，祖母刘氏已经九十六岁了，年迈多病、身体羸弱，离不开亲人的照顾和侍奉，李密也不忍心就此抛下祖母一人孤苦无依地生活，于是便向晋武帝上了一封奏表，来陈述自己家里面临的困难，说明自己无法应召的原因。这就是后来被亿万人推崇备至、催人泪下的《陈情表》。

在《陈情表》中，李密写道："我现在是一个低贱的亡国俘虏，十分的卑贱浅陋，受到如此提拔，恩宠优厚，怎么敢犹豫不决而有非分的祈求呢？只是因为祖母刘氏生命垂危，过了早上都不知道晚上会怎么样。我如果没有祖母，就不可能活到今天。祖母如果没有我，也无法安度余生。我们祖孙二人互相依靠着维持生命，因此我不能停止侍奉祖母而远行。我现在的年龄是四十四岁，祖母现在的年龄是九十六岁，这样看来我为陛下尽忠的日子还很长，但是我孝养祖母的日子却很短了。我怀着乌鸦反哺的私情，乞求陛下能够准许我完成对祖母养老送终的心愿……希望陛下能够怜悯我的拳拳之心，满足我微不足道的心愿，使祖母刘氏能够侥幸地保全她的余生。我有生之年必当杀身报效朝廷，死了也要结草衔环来报答陛下您的恩情。我怀着像犬马一样不胜恐惧的心情，恭敬地呈上此表来使陛下知道这件事。"

晋武帝司马炎看到李密的表文后，为李密对祖母刘氏的一片孝心所感动，连连赞叹李密"不空有名也"。对此，晋武帝特许李密可以暂不奉召，还专门嘉奖他孝敬长辈的一片赤子之心，赏赐给了他两个奴婢，并下令李密所在的郡县发给他赡养祖母的费用。后来，直到祖母刘氏去世后，李密服丧期满才出仕为官。而为官期间，他政令严明、政绩显著，以刚正著称，深受百姓的爱戴。

李密的孝道之所以能够流芳百世，就是因为他作为人子时刻谨记着为人子的孝道，不管是在生前还是在祖母亡故后都恪守礼仪法度，言行举止都不敢稍有逾越。也正是因为这样，人们对李密这个人倍加推崇，使其流芳百世，永葆美名。当然，也正是这份德行和孝义使得他备受晋武帝的欣赏和肯定。所以，孝道是我们立身处世的根本，也是我们得以长久发展的重要所在。我们如果没有孝道作为根基，缺乏孝心、孝行、孝念，一味地追求事业或是在职场中周旋，也必然没有好的结果。因为，这样的人已经被利益冲昏了头脑，不仅不值得人信任，也难以托付重任和大事。

颜真卿宁折不弯

颜真卿（公元 709—784 年），字清臣，小名美门子，别号应方，因为曾任平原太守，故世称"颜平原"，京兆万年（今陕西西安）人，祖籍琅琊临沂（今山东临沂），是唐代名臣和杰出的书法家，备受世人推崇。而且，颜真卿为人非常注重操守和气节，能够固守清简，为官期间，尽心尽力地辅佐皇帝，勤俭克己，事君献身，不畏强权，始终不改初衷。

唐玄宗开元年间，颜真卿担任河西陇左军城覆屯交兵使。当时河东有个名叫郑延祚的人，母亲过世已经三十年了，他却不为母亲操办后事，让母亲入土为安。颜真卿得知此事后，随即上表弹劾。

颜真卿任平原太守的时候，安禄山叛乱已经初现端倪，为了防患未然，也为了麻痹叛贼，他表面悠游放荡，内里却借口连日天雨，调集民工加紧增高增厚城墙，加深护城壕沟，并积极练兵，筹备粮草。在"安史之乱"爆发后，叛军势如破竹，河朔一带除了颜真卿的平原郡坚守之外，其余各郡县皆落入安禄山之手。唐玄宗得知后，对左右叹息道："河北二十四郡，只有颜真卿一个忠臣，可惜我还不认识他！"

此后，颜真卿便一直率兵驰骋在平定安史之乱的战场上，逐渐平定了叛乱，控制住了燕赵一带。为此，皇帝下令加封颜真卿为户部侍郎，并命其辅助大将李光弼继续平叛。

唐代宗时，宰相元载私结朋党，擅权骄横，贿赂公行，荒淫无道。而且，为了把持朝政、堵塞言路，避免其他朝臣对自己说三道四，他还上奏皇帝，文武百官凡是有事报告需要先报告给自己的"顶头上司"，然后再由各级官员一层层地向上反映，最终由宰相上报给皇帝。换句话说，所有送报给皇帝的谏言都需要先得到宰相元载的认可，如果上面有对他不利的内容，他就会驳回，皇帝就不会知道。所以，这项举措一旦被采纳，那么宰相元载的权力将会极大地膨胀，百官的言路就会彻底被堵死。而对于宰相元载的这个建议，当时没有大臣敢提出反对意见，只有颜真卿敢向皇帝进言："郎官、御史是陛下您的耳朵和眼睛，如果百官给皇帝的报告都要先经过宰相的批准，那无疑等于堵塞了陛下的耳朵、蒙蔽了陛下的眼睛。要是陛下担心臣下在报告中互相之间说坏话，难辨真伪，那何不调查他们报告的虚实呢？若报告的是假话，就惩罚说假话的人；若报告的是真话，那就奖励说真话的人。倘若不这样做，所有事情都听宰相的一面之词，可能天下人就会误认为是陛下您讨厌听取报告的麻烦，并以此堵塞了下情上传的言路。唐太宗在《门司式》中专门指示说：凡有急事需要向他报告的，门卫必须马上引进，不得借故阻碍。唐太宗之所以这样做，就是为了防止言路被堵塞啊。"

最后，颜真卿甚至提醒皇帝说："陛下您若是不早点儿明白这个道理，什么事情都只仰仗宰相大臣，结果只怕会越来越孤立，那时再后悔，也就于事无补了！"

皇帝在听了颜真卿的谏言后，就采纳了他的意见，驳回了元载的奏折。而宰相元载知道是颜真卿在从中作梗，更加视他为眼中钉、肉中刺，最后终于找到了借口把颜真卿排挤出了朝廷。就是在这样小人辈出，朝政由奸佞把持的时代，颜真卿最终死在了小人的陷害之中。但是，可以肯定的是，自始至终，颜真卿都坚守自己的操守和气节，从不曾改变或妥协。也正因如此，才成就了他的美名。

可见，高官之孝很大程度上在于坚持和守护，在各种艰难险阻的考验和锤炼下仍然能够不改初衷，无论是言行举止还是从外到内的德行等各个方面都能够一以贯之。所以，我们在立身处世的时候更是需要以孝道之心作为基础，来待人处事。这样，我们就算是忠于本心了，也就能够无愧于心，从而受到人们的尊敬和肯定。相反，如果在遇到困难的时候背弃孝道义理，随风倒，那么就不是真正的孝，也就无法得到人们的赞赏。

文天祥宁死不屈

文天祥（1236—1283年），初名云孙，字宋瑞，一字履善。自号文山、浮休道人。江西吉州庐陵（今江西省吉安市青原区富田镇）人，南宋末年著名的文学家、爱国诗人、抗元英雄，与南宋左丞相陆秀夫、越国公张世杰并称作"宋末三杰"。

宋恭帝德祐元年（1275年），元军大举进犯，宋朝长江防线全线崩溃，皇帝紧急下令各地组织兵马勤王。文天祥闻讯，立即捐献家资充当军费，招募当地豪杰及成年男子，组织抗元力量共计一万余人，开赴都城临安。后来，朝廷命文天祥兵援常州，继而又命其驰援独松关。但是元军的进攻实在太过猛烈，次年正月，元军兵临临安城下，文武百官纷纷出逃。

值此国家危难之际，文天祥被任命为右丞相兼枢密使，出城与元军谈判，想要罢兵讲和。可是没想到的是，文天祥却被元朝大将伯颜扣留，当权者见元军丝毫没有和谈的意思，宋朝大势已去，便只好献城投降。就此，元军占领了宋朝都城临安，可是两淮、江南、闽广等地还没有被元军占领和控制，于是他们就想让文天祥归顺元军，凭借文天祥的声望尽快占领宋朝全境。

文天祥面对元军的威逼利诱，丝毫不为所动，宁死不屈，伯颜无可奈何只得将他押解到北方。在行至镇江的时候，文天祥冒险出逃，经历重重的艰难险阻，终于在1276年辗转来到福州，后被宋端宗任命为右丞相。但是由于文天祥对张世杰的专制朝政极为不满，又与大臣多有不和，于是便赶往南剑州开府，指挥抗元事宜。就这样，文天祥辗转各地，联络各地的抗元义军，陆陆续续收复了许多的州县。后来，元军大举来攻，文天祥在撤退途中遭到元将张弘范的攻击，兵败被俘。

文天祥被俘后，为了坚持操守和气节，免遭元军的侮辱，打算服毒自杀，可是没能成功。张弘范将他押往崖山，让他写信招降张世杰。文天祥怒目以对，说道：“我不能够保护自己的父母，难道还要让别人也背叛自己的父母吗？”张弘范对这些话都置之不理，一再强迫文天祥写招降信。面对强势的威逼，文天祥把前些日子写的《过零丁洋》抄录给了他。当张弘范读到“人生自古谁无死，留取丹心照汗青”两句时，颇受触动，开始平心静气地对文天祥说：“宋朝眼看就要灭亡了，丞相您也已经尽到了忠孝，如果您能够改变对南宋的忠心来效忠我元朝皇帝，我们仍旧会给您宰相的官职，并且各方面待遇相比以前也会有增无减。”文天祥则态度决绝地回应说：“眼看国家沦丧，而无力拯救，身为臣子已经是死有余辜了，又怎么能够再敢妄图摆脱杀头之罪而身怀异心呢？”张弘范敬佩文天祥的忠孝仁义，便没有继续规劝，在请示了元世祖忽必烈后便把他押送到了元大都，软禁了起来。

后来，元朝丞相孛罗亲自审问文天祥。文天祥被押到枢密院大堂，昂头挺立。孛罗命令左右强制文天祥下跪，可是文天祥极力挣扎，始终不肯屈服。这时孛罗问道：“你还有什么话要说？”文天祥说道：“天下事，兴衰自有定数，国破家亡，身死受戮，历朝历代都有。而今我为宋朝尽忠，只求速死！"李罗闻言大怒，说道："你想一死了之成全你的声名，我偏偏要你活着遭受屈辱。"就这样，文天祥在狱中一待就是三年。在这个过程中，元朝人用尽各种手段，威逼利诱，甚至以他的妻子和女儿相威胁，但都没能让他动摇分毫，相反，他在狱中还写了许多振奋人心的诗篇。

最后，元世祖亲自劝降文天祥，并且以高位相许，可是文天祥依旧是义正词严，毫无媚态和屈服之意。对此，元世祖十分气恼，长时间的威逼利诱也早已使元世祖失去了耐心，于是下令处死文天祥。次日，文天祥即被押往刑场。在刑场就义的时候，文天祥铮铮铁骨，毫无畏惧，向南方跪拜，说道："我的使命已经完结了，没有什么愧疚和遗憾了。"然后引颈就刑，从容就义。

对于文天祥的忠孝之义，我们历来称道，也倍加推崇，而对应到孝道上来说，就是做自己应该做的事，不屈不挠，无怨无悔，始终把孝道当作自己立身处世之本，不管发生什么情况，都毫不更改。当然，这也就是凡事都能够做到言行举止合乎礼法，不单单是简单地在服饰规制上严格要求自己，还要特别注重德行和操守，并且把这种德行和操守落实在行动中，体现在细节里。唯有如此，才能真正堪称表率，成为典范。

士官之孝，忠君敬长侍奉双亲

士章第五：士官之孝，忠君敬长侍奉双亲

━原典

资①于事②父以事母而爱同；资于事父以事君而敬同。故母取其爱，而君取其敬，兼③之者，父也。故以孝事君则忠④，以敬事长⑤则顺⑥。忠顺不失，以事其上，然后能保其禄位⑦而守其祭祀⑧，盖士之孝也。

《诗》云："夙兴夜寐，无忝尔所生。⑨"

注释

①资：取，拿。

②事：侍奉，服侍。

③兼：同时占有或具备几样东西或是进行几件事情。

④忠：出自内心的诚挚以及竭尽全力的付出行为。

⑤长：指公卿大夫。

⑥顺：依顺，顺从。

⑦禄位：禄，官吏的薪水。俸禄和职位。俸禄和职位是相互关联的，有职位才会有俸禄，没有职业也就没有俸禄。

⑧祭祀：准备供品，祭天神、地祇、人鬼等活动的通称，此处是指祭祀宗庙祖先。

⑨夙兴夜寐，无忝尔所生：兴，起，起床。寐，睡觉。忝，羞辱，侮辱。所生，指生身父母。选自《诗经·小雅·小宛》，此诗写大夫遭

时局之乱，兄弟相戒以免祸。同时，怀念父母的思想感情或明或暗地贯穿全诗。

译文

拿侍奉父亲的方式来侍奉母亲，那份爱心是相同的。拿侍奉父亲的方式来侍奉国君，那份恭敬之心是相同的。所以侍奉母亲用的是爱心，而侍奉国君用的是恭敬之心，既要有爱心又要有恭敬之心的则是对父亲的侍奉。所以，用孝道来侍奉国君就能够做到忠诚无私，用恭敬之心来侍奉上级长官就能够做到顺服。能够做到忠诚顺服地侍奉国君和上级长官，然后就能够保住自己的职位和俸禄，也就能够守住自己对祖先宗庙的祭祀。这大概就是士人的孝道吧。

《诗经·小雅·小宛》里有言："要起早贪黑、早起晚睡地去做，不能够辱及生养你的父母的英明。"

解析

《士章第五》是在讲述基层官员士人的孝道。在这里，士是指仅次于卿、大夫的最后一等的爵位，指大夫以下庶民以上者，也就是在全国以及诸侯国内面向普通百姓而负责处理具体事务的人员。而士按照不同的等级又可以分为上士、中士、下士三级。作为士，是与普通百姓关系最为密切的官吏，其孝道的表现形式一方面是要做到尽忠职守，一方面要做到尊敬上级长官。而且，士只有以侍奉父母的恭敬顺服之心来侍奉国君和上级长官，才能够保佑俸禄和职位，继而光宗耀祖，尽到应有的孝道。

具体来说，作者写到士官的孝道，在对待母亲方面和对待父亲方面相比，关爱之心是相同的；在对待国君方面与对待父亲方面相比，恭敬顺服之心是相同的。而对父亲的孝道则两者兼而有之，既要有关爱又要有恭敬顺服。而且相对来说，对母亲的孝道偏重于关爱，对长官和国君的孝道则偏向于恭敬顺服。这显然给初入仕途的士官们指明了行为处事的方针和原则，使士官们清楚了对待上级长官以及国君应有的态度。

士官上接卿、大夫高层官吏，下接广大民众，可以说是处理事务和关系最多也最复杂繁琐的一层官吏。在应对各种复杂的关系时，要做到游刃有余、得心应手，对初入官场的士官来说绝对是一个不小的考验和挑战。于是，作者在这里就明确表示，对地位较高的、年龄较大的长者，要以恭敬顺服的态度来对待，对上级长官要以服侍父母的态度来对待，不仅仅是关爱，更重要的还是要把事情尽心尽力地办好，这也就是忠。如此，上级长官就会给予士官更多的信任，日益委以重任；年长的同僚则会积极地帮助他，有困难或是危机的时候会及时伸出援助之手，那么自己在士官的位置就能够牢牢地坐稳，有了稳固的职位，俸禄也就不会断绝。

有了稳固的职位和丰厚的俸禄，始终秉持忠、顺二字，士官也就能够光耀祖先，并使之能够长久地保持，不至于失去。这点和诸侯以及卿、大夫孝行表现形式的最终目的其实都是一样的。在本章节的最后，作者还引用了《诗经·小雅·小宛》里的两句话，对于初涉官场的士官进行再次提醒，希望他们能够早起晚睡，不要迟到早退、懈怠公事，要尽自己最大的努力去完成自己肩负的重任，以免使自己生身父母的英明遭受损害。

实际上，这对今天初入职场的小职员同样具有借鉴和参考意义。初入职场的人士，刚刚远离学校和家庭的庇佑，踏进竞争激烈的社会，急需要证明自己存在的价值和意义，想要实现一番成就。而要顺利地实现这一点，职场新人不仅要有真才实学、过硬的本领和技能，在对待同事以及上级主管及领导的时候，还要做到忠诚无私、恭敬和顺。

否则，就很难出人头地，最终在激烈的社会竞争中湮没无闻。

故事链接

闵子骞孝感继母

闵子骞（公元前536—前487年），名损，字子骞，春秋末期鲁国人，孔子的弟子之一，在孔门中以德行与颜回并称，为七十二贤人之一。他的为人历来为人所称道，尤其是他的孝道，备受世人推崇，被誉为"二十四孝子"之一，孔子更是称赞他说："孝哉，闵子骞！"

闵子骞很小的时候，母亲就去世了，后来父亲再婚娶了继母。闵子骞是个非常孝顺的孩子，虽然生母已故，但他对继母也是非常的孝顺尊敬，把她当作生母一样对待。可是继母对这个"儿子"却并不怎么待见，尤其是自己又接连生了两个儿子，于是对闵子骞更加厌恶嫌弃，尽管闵子骞已经做得很好了，她仍旧是百般刁难和苛责，在家中食物以及物质的分配上，也明显偏向于自己的亲生儿子，而对闵子骞敷衍了事，没有真正的关心和爱护。

不仅如此，继母还常常在丈夫的面前说闵子骞的坏话，说他怎样对自己不敬，还总是时不时地挑拨子骞和父亲的关系。渐渐地，就连父亲也开始相信子骞是一个不恭不敬的不孝子，对这个儿子心生不满。但自始至终，子骞对继母和父亲都一如既往地孝顺，不管继母和父亲如何对他，他都尽心尽力地做事，听从父母的安排，没有丝毫的违背和忤逆。

一年冬天的时候，天气十分的寒冷，继母给孩子们做了棉衣来御寒。可是继母给自己两个儿子的棉衣里面添加的都是真的棉絮，闵子骞的棉衣虽然外观上看上去没有什么不同，可里面添加的却是芦花。在严寒的冬日，闵子骞冻得瑟瑟发抖，但对于这件事情他从未向父亲提及，也没有向继母埋怨过。他就这样默默地忍受着，为的是让这个家保持平静和睦。但是，默默的忍受并未给闵子骞带来平静的生活，继母还就此向丈夫告状说："子骞不是冷，他穿的棉衣是几个孩子里最厚的，他是太娇气了，故意表现得很冷而已。"直到有一天父亲无意间的一个举动，才终于让闵子骞的委屈得到"昭雪"。

一天，父亲要出门办点事情，闵子骞为父亲驾驶马车，不料这时正吹来一阵凛冽的寒风，闵子骞冻得直打哆嗦，加上肚子里饿得发慌，马的缰绳掉在了地上，马踩到缰绳，一个趔趄差点跌下了悬崖。父亲看着瑟瑟发抖的闵子骞，以为这是他在假装很冷故意报复，于是十分生气，随即扬起了马鞭向闵子骞的身上抽去。几鞭子下去，闵子骞的棉衣就被打破了，里面轻飘飘的芦花在寒风的吹拂下立即飞了起来，鼓鼓囊囊的棉衣一会便瘪了下去。父亲看着瘪下去的棉衣顿时目瞪口呆，不知道说什么好。他直到现在才知道，原来子骞穿的棉衣里面填塞的竟然是轻飘飘根本无法御寒的芦花，妻子之前说的话全都是信口胡说、无中生有。于是，父亲立马让子骞坐上了马车，自己则亲自驾车往家的方向驶去。

回到家后，父亲就怒气冲冲地质问后妻，并且要把这个狠毒的女人休掉，赶出家门。继母看着言辞犀利的丈夫呆呆地站在一旁，羞愧不已、不知所措。子骞见状，立即上前跪在父亲面前，说道："母亲在家里，只有我一人受寒挨饿，可若是母亲被赶出家门，那么我的兄弟都会因此而受冻挨饿，到时我们兄弟三人都没人照顾了，所以请求父亲千万不要因为我一人而赶走母亲，让我的兄弟和我一起遭受困厄。"父亲听了子骞的话，被他的孝心和兄弟之情深深感动，便打消了休妻的想法。而继母听到子骞的规劝，也对子骞的包容和善良心生感激，并对自己之前的所作所为心生愧疚，决定痛改前非。

就这样，子骞和继母、父亲真正成为了相亲相爱的一家人，继母对待子骞也像自己的亲生儿子一样。人们听说了这件事情，也都对年纪轻轻的闵子骞交口称赞。后人还根据这一段故事，改编出了家喻户晓的戏剧《鞭打芦花》，闵子骞也成为了《二十四孝》中的一大主角。由此，闵子骞的孝义之名为世人称道。

现如今，像闵子骞遭受的如此不公平的待遇已经很少见了，不过子女和父母之间的关系总是给很多人带来困扰。其实，这个时候，我们应该对父母多一些体谅和宽容，与父母多多地沟通和相互了解，这是加深彼此了解的基础，也是促成相亲相爱的关键。在对待父母的时候，即使是自己的继父或是继母，也要时刻怀着恭敬顺服之心，只有这样，才能够在未来的职场与上级主管搞好关系，在社会生活中对父母、长辈敬爱有加，尽心尽力地服务社会，做出自己应有的贡献。

方观承千里寻亲

方观承（1698—1768 年），字遐谷，号问亭，一号宜田，安徽桐城人。他出生于官宦家庭，祖父方登峰官至工部主事，父亲方式济，康熙四十八年（1709 年）考取进士，官至内阁中书。按理来说，方观承应该衣食无忧地度过自己的童年，并能够顺顺利利地开启属于自己的美好生活。但是，事与愿违，方观承却走上了一条异常曲折的道路。

康熙四十一年（1702 年），翰林院编修戴名世的弟子把他们自己抄录的戴氏古文百余篇刊刻行世，由于戴名世居住在南山冈，遂命名为《南山集偶钞》，也就是著名的《南山集》。《南山集》一经问世即风行江南各省，发行量之大、流传之广，在当时的同类著作中，实属罕见。但是，康熙五十年（1711 年），戴名世却因为《南山集》一书中记录了大量南明桂王时的史事，并多处使用南明年号，被都察院左都御史赵申乔以"狂妄不谨"的罪名上奏参劾，结果戴名世以"大逆"罪下狱，两年后被处死。不仅如此，清廷还发起了震惊朝野的《南山集》文字狱。由于戴名世弟子在《南山集》中引用了方观承的曾祖父方孝标著作中有关桂王抗清的章节，桐城望族方登峄一家遭到牵连。后来，方观承的祖父方孝标与父亲方式济被流放至黑龙江充军服役，所有家产被没收充公。只因当时方观承及其兄年龄还小，他们兄弟才免于流放。但尽管如此，方观承兄弟也在一夜之间从富家公子变成了一无所有的流浪汉。

所幸，方观承兄弟被南京清凉山寺收容，有了一处栖身之所，平时靠僧人的接济为生。他们举目无亲，无所依靠，虽然有寺庙僧人的接济，但与之前的富家生活仍然是天壤之别，他们整日含泪度日，小小年纪就已经饱尝了世事艰辛。而且，方观承对自己祖父和父亲也十分的想念，也为他们的处境和身体感到担心忧虑。一天，他终于鼓足了勇气，向寺里的长老请求允许他们兄弟前往边疆探望长辈。长老被方观承兄弟两人的孝心感动，但是边疆路途遥远，他二人都还小，此一去恐怕是凶多吉少，于是长老拒绝了他。

可是，方观承态度坚决，一再向长老请求，并说道："祖父和父亲被发配边疆，远在天涯，对家中的亲人肯定是十分想念，如果我们兄弟二人能够前往，肯定会给两位老人一点慰藉，也能彼此有些照顾。在这一路上，虽然会遭受不少的艰辛，甚至性命不保，但是我们为了与祖父和父亲团聚，也在所不惜。还请长老能够允许我们前去，答应让我们启程。若如此，我们此生必会感念您收留之恩、临危扶困之义。"

长老看方观承兄弟态度坚决，对祖父和父亲的孝心一片赤诚，便同意了他们的请求，允许他们兄弟二人前往寻找亲人。长老特地给他们筹集了盘缠，给他们准备了一些路上的干粮。

就这样，方观承两兄弟踏上了千里寻亲之路。在这一路上，他们风餐露宿，跋山涉水，准备的干粮和盘缠没多久就用得差不多了。在缺衣少食的跋涉中，他们只能强忍饥饿，彼此搀扶着向前行走，他们身上的衣服已经破烂得不成样子，脚上也生出了一层厚厚的老茧。但是，他们始终坚持着向祖父和父亲服役的地方前行，这时候，对祖父和父亲的思念是支撑他们继续下去的唯一力量。

几个月后，他们终于找到了祖父和父亲，一家四口相聚在了一起。祖父和父亲看到方观承两兄弟千里迢迢、跋山涉水地来寻找，非常的高兴和欣慰，同时对他们兄弟二人遭受的磨难也非常痛心，他们抱在一起痛哭了好久才总算平静下来。之后，直到祖父和父亲相继在黑龙江病故，贫困至极的方观承才离开黑龙江，赶往京城。

早期坎坷的经历，并未使方观承就此消沉，而是磨炼了他的意志，他带着这份孝心和坚毅开始了一段新的征程。后来，一次偶然的机会，方观承成为郡王福彭府中的幕僚，并一步步走入仕途，此后便平步青云直至担任直隶总督一职。他从一个七品的内阁中书，一路升迁到从一品的直隶总督，仅仅用了十七年的时间，且在其为官期间大都担任要职。我们不得不说，他是一个公认的大孝子。直至今日，方观承千里探亲的故事，还被人们传为美谈。

实际上，子女与父母之间的联系是怎么也剪不断的，这根看不见却发挥着无穷力量的线就是子女对父母的一片至诚至孝之心，只要心怀孝心，不忘父母的养育和教诲之恩，就能够为父母倾尽全力，不会因为一些繁杂事情或是一些阻力或困难就止步不前。这种为父母不惧艰难险阻的勇气和毅力是值得我们现在提倡和发扬的。毕竟，父母之爱子，也是如此的。所以，我们每一个人都应当做到以恭敬顺服之心尽心尽力地侍奉双亲，并且为了能够侍奉双亲要克服一切艰难险阻。只有这样，我们才能够不负作为子女的责任和使命。

郑板桥弘扬孝道

郑板桥（1693—1765 年），名燮，字克柔，号板桥、板桥道人，江苏兴化大垛人，祖籍苏州，清朝康熙秀才、雍正举人、乾隆元年进士。以"诗、书、画"三绝闻名于世，尤善兰、竹、松、石、菊，为"扬州八怪"之一。曾官至知县，为官期间，清廉为民，在民众心目中留下了美好的印象，民间流传着许多关于他的故事，其中比较为人称道的就是郑板桥责行孝道的故事。

乾隆元年（1736 年），郑板桥获得丙辰科二甲进士，官居山东范县、潍县县令，政绩斐然，深受百姓的爱戴和拥护。而郑板桥出任山东潍县县令的时候，常常微服私访，四处体察民情、了解民意。一天，他领着一个侍从来到潍县城南的一个村庄，看见一处民宅的宅门上贴着一副崭新的对联。对此，郑板桥感到十分的奇怪，觉着这既不过年也不过节，怎么贴着崭新的对联啊！于是，走上前去仔细查看，只见上面写着：家有万金不算富；命中五子还是孤。看着这含蓄而又古怪的对联，郑板桥就敲了敲门，准备一探究竟。

开门的是一位白发苍苍的老者，老者强颜欢笑地将郑板桥和侍从引进门。郑板桥进门后仔细环顾一下四周，家里除了四面的围墙以及一些基本的生活用品外，几乎看不到有什么额外置办的用品，空空落落的，很明显，家里的状况很是穷困。这时，郑板桥问道："老先生贵姓啊？今日家里是有什么喜事吗？我进来时看见您门上贴着崭新的对联。"老者唉声叹气地回应道："敝姓王，只是因为今天是老夫的生日，所以才自娱自乐写了一副对联，让先生见笑了。"

听到这里，郑板桥又联想到对联所写的内容，已经大概了解了老者的情况，于是向老者说了几句表示祝贺的话就匆匆离开了。接着，郑板桥又在村庄里面视察了一番，了解了一下村民的大致状况。回到县衙后，郑板桥就立即差人把那家老者的十个女婿传到衙门堂上来。陪伴在郑板桥左右的侍从满心不解地问道："老爷，您是怎么知道那老汉有十个女婿的呢？"郑板桥说道："从他门前的对联就能推测得出来了。""对联？"侍从还是没有弄明白这是怎么回事。

郑板桥接着说道："人们往往会把女儿称作'千金'，那老者对联中称自己家有万金，也就是说自己膝下有十个女儿。而且，对联的下联还写道他'命中五子'，有道是一个女婿半个儿，十个女婿正好是五个儿子。所以我才有此推断。后来，咱们又进到老者的家里，只见家徒四壁、一贫如洗，过生日也只有自己一个人，显然是女儿和女婿不孝顺导致的。"侍从听到这里，才恍然大悟，于是立即命人按照吩咐把老者的十个女婿传到县衙。

老者的十个女婿来到衙门后，郑板桥就把今天微服私访进到老者家中看到的情况详细说了一番，并对他们进行了好一顿教育，让他们要懂得孝敬老人的道理，每个人都有老去的一天，如果不懂得善待老人，那么以后自己也会面临同样的困境。接着，郑板桥还具体给这十个女婿下了硬性的规定，要求他们轮流侍奉岳父，以便让他安度晚年。最后，郑板桥还在大堂之上十分严肃地说道："你们之中若是哪个胆敢不尽心尽力地侍奉岳父，再让本县看到老人一个人孤苦无依，一定严惩不贷！"

第二天，十个女儿带着女婿都回到家中来看望老人，还带来了不少的衣服、食物和日常用品，并且商量好了轮流侍奉老人的次序。老者看着女儿和女婿如此大的变化，感到非常不解，后来一问女儿才知道，原来自己生日那天来到家中的竟是郑板桥郑县令。老者顿时对这个平易近人的县令心生感激。而这件事情传开之后，人们对郑县令也是由衷地肯定和赞赏。也正是因为这样，在郑板桥的治理下，潍县的社会风俗越来越好，人们之间的矛盾和纠纷也越发地少了。

　　可见，以孝感人是最具力量的教化武器，是存在于人们心中普遍的伦理道德准则，若是有人不守孝道，倒行逆施，那么必然会受到众人的唾弃和鄙视。所以，遵守孝道是我们每一个人都应该做到的，丝毫不能松懈。以恭敬顺服之心尽心尽力地侍奉双亲是非常重要的，这不仅仅是个人的事情，更是将来我们走上社会立身处世之本，是能够获得肯定和承认的重要准则和要求。否则，就会遭到他人的鄙视和遗弃，成为不受欢迎的人。

庶人章第六

平民之孝，谨身节用以养父母

庶人章第六：平民之孝，谨身节用以养父母

━ 原典

用①天之道②，分地之利③，谨身④节用⑤，以养父母，此庶人之孝也。

故自天子至于庶人，孝无终始，而患⑥不及⑦者，未之有也。

注释

①用：顺应，依循，利用。

②天之道：指四季春温、夏热、秋凉、冬寒的季节变化，以及阴、晴、风雨、雷、电的天气变化等自然现象的规律。也就是说，凡事都要遵循自然规律。这里则主要是指要按照时令的变化来合理地安排农事，即春生、夏长、秋收、冬藏。道，规律，原则。

③分地之利：分，区别，分辨。利，利益，好处。指区分各种不同的土质、地势以及当地的气候，因地制宜地种植适宜当地生长的农作物，从而获得最大的收成。

④谨身：指行动举止务必要谨慎小心。

⑤节用：指所有的用度花销都需要俭省节约。

⑥患：担忧，忧虑。

⑦不及：指做不到。

译文

顺应春温、夏热、秋凉、冬寒四季季节变化的自然规律，分辨清楚各种不同土质的高低优劣、地质情况以及当地的气候，因地制宜地种植，行为举止上谨慎小心，用度花销上要节省俭省，以此来孝养侍奉父母，这就是普通老百姓的孝道了。

所以上自天子，下自平民百姓，不管是尊卑高下，孝道都是无所谓开始也无所谓结束，而是永恒存在的。有人担忧自己不能够做到尽孝，那是从来没有的事情。

解析

《庶人章第六》是讲述庶人也就是平民百姓的孝道。但是，这里的庶人和广泛意义的平民百姓还是有所区别的。此处的庶人是指拥有自由身份的平民百姓，在古代等级社会中是最广大、最普通的一个群体，也是最重要的生产者。在日常生活中，庶人从事的职业有士、工、农、商等。不过，作者把士官的孝道和庶人的孝道是分开来论述的，很明显，作者没有把士官的孝道纳入到庶人孝道的范畴内。其实，我国自古就是一个农业大国，农业是最主要的经济生产和支柱产业，所以农民是庶民中主要的成分。而且，农民也是一个国家和社会的基本组成元素，对社会稳定和经济发展具有不容忽视的作用。正如《诗经》上说的那样，"民为邦本，本固邦宁"。由此，作者把庶人的孝道放在了五种孝道的末尾。

首先，作者在论述庶人百姓的孝道时，主要是从其从事的活动来着眼的。农民是农业生产的主要劳动者，农人的孝道最重要的体现就是要能够利用四季自然变化的规律，巧妙地予以运用，从而科学地安排农事。同时，在耕耘的时候还要慎重考察土地的高下优劣，地质的状况以及气候的环境因素。这样，掌握了四季的自然变化规律，拥有了具有良好土质和地质环境条件的土地，再进行农业生产，种植庄稼，那么到收成的时候就必定能够获得很好的回报。相反，农人在安排农事种植庄稼的时候，忽视自然规律的因素，不能选择在优良肥沃的土地上耕种，那么收成自然也就不可能理想。

当然，庶人的孝道除了利用"天之道"和"地之利"外，还要懂得加强对自身的严格要求。一方面，庶人在行为举止方面都要谨慎小心，注重保重自己的身体，爱护自己的声誉，不能使"受之父母"的身体发肤遭到丝毫的损伤，不能使父母的声名因为自己而受到哪怕是一点的败坏。另一方面，庶人在用度花销方面要做到节约俭省，不要把来之不易的钱财用作无谓的消耗，不能奢侈挥霍使自己没有一定的积蓄。如此，庶人做到了这两个方面，保有健康的身体、注重对自身名誉的保护、对赚取的钱财进行合理的支配，使得自己身强体健，享有美誉，并有充裕的财物来侍奉父母，那么父母就会非常的欣慰和高兴。这样，也就尽到了庶人应尽的孝道。另外，庶人按照这样的标准和原则来要求与约束自己，不仅可以孝养父母，还能够应对生活中方方面面的开销，支撑起整个家庭，做好孩子的成长和教育工作，做到上不愧父母，下对得起家庭和子女。

最后，作者还对天子、诸侯、卿大夫、士、庶人的孝道进行了简单的总结和论述，说明不管是天子还是庶人，即使身份地位尊卑有别，但是奉养父母的那份孝道却是不分贵贱，没有始终的。就是说，孝道是我们每个人的天性，孝顺父母不管在什么时候都不算晚，也没有所谓的开始和结束，只要存活一日就要对父母尽心尽力地侍奉，如果有人担心自己无法尽孝，那是绝对没有的事情。所以，尽孝是一件无时无刻都能够做到的事情，只要心中有孝，就能够反馈到父母那里，问心无愧。

■ **故事链接**

李忠孝母避震

李忠，元朝时山西晋宁（今山西临汾）人。他年纪很小的时候，父亲就不幸去世了。从此以后，只有他和母亲二人相依为命。

虽然生活贫苦，但是母亲对李忠从来不加以苛责，凡事都力求供给他最好的。而李忠也是一个懂事孝顺的孩子，母亲的艰辛他看在眼里，记在心里，他小小年纪就已经很明白事理，总是尽自己最大努力为母亲减轻负担。

每当他察觉到母亲口渴，就会殷切地给母亲送上一杯水；母亲外出劳作回到家里，他总是会来到母亲身边，为母亲捶肩捏背，以缓解劳作的辛苦；一个人在家的时候，他也总是会学着母亲平时做家务的样子，尽自己所能地打扫卫生、准备饭食；等到天黑要睡觉的时候，不等母亲安排，他就会提前为母亲准备好洗脚水，并且整理好床被。农忙的时候，他还常常主动要求和母亲一起到田间地头忙碌，邻里的人经常会看到李忠和他母亲一起劳作的身影。人们每每看到这个年纪轻轻的孩子，都会被他的孝心、孝行感动，对他除了同情之外，更多的是赞赏，都夸他是个明事理、有孝心的孩子。

不仅如此，李忠时时刻刻都念着母亲的辛苦和操劳，总是会把家里最好的东西分享给母亲。母亲遇到什么烦心事，李忠也总会想尽办法逗乐母亲，或是以自己的方式默默地为母亲分忧解难。

大德七年（1303 年）八月的一天，李忠家所处的郇保山一带，突然爆发了猛烈的地震。整个郇保山一带似乎都在震动，像是要把大地掀翻一样，而震波所及之处，地面开裂，所有的建筑物被夷为平地，被压死的村民数不胜数，惨不忍睹。但是，据说李忠一家却在这次大地震中安然无恙，不仅没有人员伤亡，甚至连一砖一瓦都没有破损。

我们不得不说这是一个令人难以置信的奇迹，人们对这一事件的描述非常真切。无情的地震似乎也为李忠的孝义所感动，特意绕道而过，免使其受累，使得李忠一家得以保全。

"天道无亲，常与善人。"而百善孝为先，孝子至诚的孝心、孝行必然会与天地之间的大道相呼应。事实上，很多的史料都记载有关于至孝之人瘟疫不侵、水火风雷不殃、孝感天地的故事。虽然有些不能尽信，但在某种程度上也能让我们知道，行孝、行善之人最终都能够得到上天的庇佑和眷顾，使他们在危难关头，化险为夷、趋吉避凶。所以，不管我们在生活以及工作中有多忙，都要秉持一颗孝道之心。如此，万事皆顺。

相反，如果我们在言行举止上不能够做到谨慎小心，在用度花销上不能够对自己节约俭省，那么，就不能称之为孝。也就是，孝道的践行其实很简单，那就是行为举止上谨慎小心，用度花销上要节省俭省，以此来侍奉父母。如果做到了这些，我们就说是尽到了一个孝子的本分和责任。否则，为自己找各种各样的理由，就是自欺欺人。

茅容以鸡奉母

在东汉时，有一个名叫茅容的人，字季伟，河南陈留（今河南开封南）人。他已经四十多岁了，但仍旧是一个普普通通的以耕田种地为生的农夫。不过，茅容却有着一颗质朴纯善的心，尤其是在侍奉父母上非常尽心尽力，尽管自己的生活不是很宽裕，没有优越的身份和地位，但是他始终靠自己辛勤的劳作来孝养母亲，从不敢懈怠。

一天，在农田耕作完回家的时候，突然天降大雨，茅容为了躲雨，就来到一棵枝叶茂盛的大树下。一会儿，来大树下避雨的人越来越多，有同村来农田耕作的乡亲，也有过路的行人。这些人聚集在大树下，不过他们大都是站没站相，坐没坐相，谈吐粗俗，聚集在一起甚至还玩起了赌博的游戏。唯独茅容穿着整洁，坐姿端正，看着地里的庄稼发愁，也担心自己迟迟不归会让母亲担心。

这时，被誉为"介休三贤"之一的郭林宗路经此地，也躲在这里避雨。他来到大树下，看到聚集了这么多人，就习惯性地审视打量了一番，发现人群中只有茅容气质不凡，与众不同。于是，郭林宗就主动上前与茅容交谈，结果二人相谈甚欢，非常投缘，不知不觉天都已经黑了。而且，他们竟然丝毫没有发觉雨早就已经停了。

后来，茅容便邀请郭林宗到自己家中住宿，次日天亮了再上路。郭林宗欣然接受了，他也想尽可能多地了解一下这位与众不同的人。就这样，郭林宗随着茅容来到了他家。到他家后，郭林宗才发现，茅容的家境十分穷困。郭林宗不禁对茅容心生同情。

第二天清晨，郭林宗醒来的时候，无意间发现茅容正在杀鸡炖汤，他以为这是要款待自己作为饯行，还暗自为茅容的待客之道欣喜不已。可是，接下来郭林宗才发现，原来这是茅容长时间以来省吃俭用，给自己的老母亲准备的。他把鸡汤分成了两份，其中一份留给母亲享用，一份则保存了下来，打算让母亲下次享用。而茅容自己和郭林宗食用的则只是山肴野菜。郭林宗把这一切都看在了眼里，这才知道，茅容把最好的东西都留给了母亲，即使自己生活得再苦也不愿亏待了母亲。对此，郭林宗深受感动，并对茅容大力赞赏，说道："真是一位难得的贤人啊！"在临行之际，郭林宗还明确表示，想要和茅容成为朋友，以后经常往来。不仅如此，郭林宗还许诺，愿意让茅容跟随自己学习圣贤之道。

茅容知道了郭林宗的身份后，对他的帮助非常高兴，欣然答应。后来，茅容在郭林宗的指导和教诲下，逐渐成为了品行和学问并重的人。而当时茅容"收鸡养母"的故事也越发地流传开来，成为家喻户晓的关于孝道的典范。

看来，孝道是一个人品格力量的重要组成部分，把最好的东西留给父母享用，并不是一件艰难的事情，但是在自己穷困潦倒的时候，也能够勤俭克己，无私地侍奉父母，不计代价、不辞艰辛，那么就是一份难得的孝心了。而茅容就以他的实际行动为所有的子女上了一堂深刻的孝道课。如今，我们每一个子女也都应该做到这样，凡是好的东西都要想着父母，不能独自占有，或有所吝惜。只有这样，才能算是尽到了孝道。可见，孝道其实就是细节的注重和考究，体现在言行举止上就是要小心谨慎地侍奉，体现在日常生活上就是要尽量地给予父母最好的待遇，哪怕是自己省吃俭用。所以，若是有人担心自己不能做到尽孝，那是永远不可能的事情，尽孝这件事只有不愿而没有不能。毕竟，无论是穷困或是富裕，尽孝都是没有区别的。

盛彦吐哺待慈母

盛彦（？—约公元 285 年），字翁子，西晋广陵（今江苏扬州）人。他很小的时候就已经表现得很有才干。据说，当时有一位名叫戴昌的太尉曾以赠诗的形式来考察他的学识，而年纪轻轻的盛彦面对满座的官僚文士，没有丝毫的畏惧和胆怯，慷慨作答、滔滔不绝，而且更加可贵的是，他所说的没有一点理解错误的地方，都十分准确。对此，太尉戴昌和在座的文士们都对他大为赏识，把他视作天才。

不仅如此，盛彦还十分孝顺懂事。盛彦的父亲很早就去世了，家中只有他和母亲二人相依为命、艰难度日。母亲王氏是一个勤俭持家的女性，平日里不仅需要亲自操持家中的大小事务，还要时时教导并督促盛彦读书识字。终于，母亲王氏身体不支，积劳成疾。母亲患病后，家里的状况更加糟糕，盛彦不仅需要照顾生病的母亲，还要操持、打理日常家务。

后来，虽然母亲王氏的病好了，但是眼睛却失明了，这对盛彦一家来说无疑是雪上加霜。母亲王氏虽然有心再次承担起操持家务的重担，但是双眼失明，不辨东西，无论做什么事情都变得异常困难。可是把家庭的重担全然交予自己的孩子盛彦一个人身上，她又于心不忍。于是，她便用为数不多的家财请了一个女仆，一来照顾自己的饮食起居，二来也分担一下家里的各项事务。

可是家里的经济实在是太困难了，想要请到全职的女仆是不可能的。所以，虽然家里请了女仆，母亲王氏有了一定的照顾，家里也总算可以正常运转，但许许多多的家务事还是避无可避地落在了盛彦这个孩子的身上。所幸，盛彦是一个懂事孝顺的孩子，在母亲王氏长期的教育和影响下，也养成了吃苦耐劳和坚毅勇敢的品格。而且，想到母亲王氏的艰辛和家里的状况，他没有丝毫的怨言，尽心尽力地做着自己应该做的事。成年以后，虽然官府多次征召他去做官，可是盛彦每次都因考虑到母亲的病情而推辞了。

平日里，盛彦需要帮助母亲安排日常生活，帮助女仆尽量更好地侍奉母亲，让母亲得到更好的照顾。每天吃饭的时候，盛彦都需要亲手喂给母亲吃，热、凉、咸、淡，他都会事先尝一尝，直到味道合宜的时候，才给母亲吃。有时候，饭菜或是其他食物稍微硬一些，盛彦都会先嚼一遍再喂母亲。就这样，盛彦尽心尽力地侍奉母亲过了很多年。

但日子一长，伺候母亲王氏的女仆也开始不耐烦了，慢慢地滋生了怨恨和不满情绪，认为自己挣那么一点钱却要做这么多的事情。

有一次，盛彦外出办事，中午的时候没有回家，那个女仆就生了坏心，她到屋子后面的菜地里捉来了一些金龟子（杂食性害虫）的幼虫，放在瓦片上烤熟了给盛彦的母亲吃。王氏由于眼睛看不见，对食物没有分辨能力，而且王氏对食物也从不挑剔，只要能入口都不会说什么。这次，女仆对王氏撒谎说吃的是好东西，王氏吃了一些，也觉得口感不错，于是就以为这确实是难得的好东西，便偷偷留下了一些，让盛彦回家后也能尝一尝。盛彦回到家后，母亲王氏就把留下来的"好东西"拿给盛彦吃，而盛彦接过母亲王氏的食物，才发现竟然是小虫子，立即跪倒在母亲的面前，哭着说道："儿子不孝，都怪孩儿照顾不周，以至于让母亲遭受这样的罪。"母亲不解地说道："你这是什么话啊，你对我的照顾已经很周全了，怎么说让我遭罪了呢？"

接着，母亲王氏安慰盛彦说道："这东西口感挺不错的，而且我觉得吃完后眼睛也亮堂了不少。"盛彦一听母亲这样说，高兴极了，立即打来一盆清水，在母亲的眼睛部位轻轻擦拭，没过一会，母亲王氏的眼睛就能够模模糊糊地看到一些东西了，屋子里的陈设、儿子盛彦的样貌都隐隐约约地出现在眼前。而盛彦这时候认为自己错怪了女仆，赶快向女仆跪下致歉，并连连道谢，女仆看到盛彦的跪谢，羞愧得无地自容，什么话也说不出口。原本女仆只是想给王氏一点教训，发泄一下自己的不满，谁知竟然歪打正着，帮助了王氏。

后来，由于盛彦孝顺母亲，善待仆人，家里人越来越和睦亲善，彼此都相互理解、相互照应，王氏眼睛完全康复后，他们家的日子也一天好过一天，生活日渐富足。而周围人们对盛彦的孝道及善良也都称赞有加，逐渐成为了街头巷尾的美谈。

由此可见，子女以尽孝之心侍奉父母，尽到自己应尽的责任，父母以慈爱宽容之心对待子女，尽到自己应尽的义务，那么子女父母之间就能够做到相亲相爱。所以，作为子女在侍奉双亲的时候，一定要严格要求自己，言行举止上做到谨慎小心，不要为所欲为，放纵自己。否则，自己锦衣玉食，父母缺衣少食，那么就是大大的不孝，即使其他方面的面子工程做得多好，都无济于事，都难以得到人们的肯定和赞赏。

三才章第七

曾子赞孝，孔子深度释其本源

三才章第七：曾子赞孝，孔子深度释其本源

▅▅原典

曾子曰："甚①哉！孝之大②也。"

子曰："大孝，天之经③也，地之义④也，民之行⑤也。天地之经，而民是则⑥之。则天之明，因地之利，以顺天下。是以其教不肃而成，其政不严而治⑦。先王见教之可以化民⑧也，是故先⑨之以博爱，而民莫遗其亲；陈⑩之德义，而民兴行⑪；先之以敬让，而民不争⑫；导之以礼乐，而民和睦；示之以好恶，而民知禁。"

《诗》云："赫赫师尹，民具尔瞻。⑬"

注释

①甚：很，非常。如《论积贮疏》中有"生之者甚少而靡之者甚多"。

②大：与"小"相对，这里主要指孝道内涵的广博和作用的广大。

③经：条理，法度原则，这里是指永恒不变的规律。

④义：合道义的，公正合理的。

⑤行：品行，行为。如《屈原列传》中有"其志洁，其行廉"。

⑥是则：因此而效法。

⑦治：治理得很好，这里是指天下安定太平。

⑧化民：感化人民。

⑨先：指率先实行，带头去做。

⑩陈：陈述，说明。

⑪兴行：使人们奋起而实行。

⑫不争：指不为获得地位、钱财等而与他人相争。

⑬赫赫师尹，民具尔瞻：赫赫，指声威显赫。师尹，指担任太师的尹氏。具，同"俱"。瞻，仰望。选自《诗经·小雅·节南山》，诗写周王重用尹氏，政治混乱，作者对此深表忧虑，希望予以改变，以延续周室的统治。

译文

曾子听了孔子说明孝道后说："真是太伟大了！孝道真的是博大高深啊！"

孔子接着继续说道："孝道就像是天上日月星辰的运行，永恒不变；就像是地上万物的自然生长，各得其宜，这是人类最根本必有的品行。天地自有其永恒不变的自然法则，人类应当从其法则中领会孝道，作为自身的法则而效仿遵循它。效法上天那明照宇宙、永恒不变的规律，利用土地四季中顺承万物的优势，如此遵循自然规律而对天下民众施以教化。所以，对人们施行教化不需要严肃的态度就可以成功，而推行政治也不需要严厉的手段就可以使天下太平。古时圣明的君主通过实施教化就可以感化民众，所以要首先实行博爱，因而也就没有人敢遗弃他们的父母双亲；向人们讲述道德和礼仪，人们就会奋起而实行；在人群中率先实行恭敬和谦让，人们因此就不会发生纷争；用礼仪和音乐来引导人民，人民就能够和睦相处；教导并告知人们什么是值得喜欢的美的东西、什么是应该厌恶的丑陋的东西，人民就知道有禁令而不去犯法了。"

《诗经·小雅·节南山》上写道："威严而声名显赫的太师尹氏，

人民都仰望着你啊。"

解析

《三才章第七》是在曾子对孝道大行礼赞之后，孔子又进一步指出孝道的重要意义和价值，表示孝道是贯通天、地、人三才为一的道理。在这里，孔子对孝道进行了深入的讲解和论述，把孝道的本原讲给了曾子听，也让人们明白了实行孝道的缘由以及孝道应用于对人们的教化方面，政治推行方面等国家治理环节的重大推动力。

具体来说，首先，孔子对曾子礼赞孝道的言语进行了肯定并表示了认同，认为孝道之所以让人们觉得伟大高深，是因为孝道就像是日月星辰的运转，不管在什么时候、在什么样的情况下都是永恒不变的。还如地上万物的自然生长，一切都顺理成章、天经地义，没有任何的缘由而是本身就该如此，这是大自然的自然规律，对人来说，孝道就是人理所应当做的事情。所以，孝道除了伟大高深、无私奉献外，还应该是平凡的、普通的，植根于人们内心深处的、自然而然的伦理道德和行为准则。

也正是因为孝道是固化在人们内心深处的情结和行为指导，所以孝道可以作为统治阶级教化民众的准则和切入点。当上层统治者以孝道来推行对民众的教化时，人们会更加容易接受和认可，并能够自觉地遵守，从而使得教化的效果事半功倍。相应地，在推行政治活动、贯彻政策的过程中，如果能够融入孝道的义理，也会有极大的帮助，使政令顺畅无阻。正因如此，孔子才特地告诉曾子，"其教不肃而成，其政不严而治。"这正是孝道的延伸作用。

同时，对于孝道在教化民众和推行政令方面的作用，古时圣明的君主也早已有所认识，并得到了积极的运用，以身作则、率先倡导。比如，率先推行博爱、恭敬和谦让，使得人们对自己的父母都尽心侍奉并不再发生纷争，教导给人们道德仁义，使得人们自觉地践行，用礼仪和音乐来引导人们，使得人们都和睦相处，让人们分得清善恶美丑，使得人们遵守规矩和法则而不会犯法。显然，在这样的环境下进行各项管理和操作都是十分简单而高效的。

为了更加直观而明显地体现孔子的观点，作者还在最后引用了《诗经·小雅·节南山》中的诗句，也就是说，一个朝廷大员，只要是能够按照上面的要求和方法去做，即以孝道为根基和要素辅佐国君治理国家，那么就会成为众人仰望、敬爱的对象。担任太师的尹氏尚且能够实现这样的成就，更何况是一国之君呢！若是一国之君能按照此方法来治理国家，那么效果会更好，影响会更大。因此，作者在这一章节中，把孝道主张为天地之本，百行之首。人们应该效法天地的法则，做到孝敬父母；身居上位的君上，则需要以孝立教，以孝治国。

总之，孝道是天地间最根本的东西，人们立于天地之间，就应该效法天地间永恒不变的法则，以孝为本，用孝道之心来奉养父母，侍奉君主。而作为统治阶层，要到达到良好的治理效果，也应该因孝立教，充分发挥孝道的基础引导作用，让人们自然而然地遵守道德礼法、社会准则以及法律条文。如此，人与人之间和睦相处，父母和子女相亲相爱，政治推行畅通无阻，天下也就大治了。

■ 故事链接

乐正子春为孝思过

乐正子春，春秋时代鲁国人，曾参的弟子。他是一个讲诚信、遵孝道的人，在当时颇有盛名，也因此在曾子众多的弟子中颇受曾子的喜爱和重视。而在《礼记》中就记录了一则关于乐正子春的故事。从这个故事中，我们能够看出他是一个至诚至孝的人。

一天，乐正子春正在从高高的台阶上往下走，正巧这时候，头上有一群大雁飞过，子春抬头看着渐行渐远的大雁，不知不觉陷入了对人生的思索，而陷入沉思的乐正子春早已把自己正在下台阶的事情抛到九霄云外了。就这样，在下下一个台阶的时候，脚一下子踩空了。在跌倒的那一刻，乐正子春才从深深的思索中清醒过来，而且脚踝在摔倒的时候扭伤了。

无奈，乐正子春只得在别人的搀扶下才回到了家中。家人听说他从台阶上摔倒，扭伤了脚踝，都十分担心。对此，最为担心的莫过于乐正子春的母亲了。母亲看着子春脸上冒出的一串串冷汗，眼角不禁落下了担心忧虑的眼泪。但是母亲并没有责备子春，也没有多加询问事故的细节。她呜咽着简单询问了一下子春伤痛的情况，安慰了几句后便立即跑去请郎中。

郎中来到家里，看了乐正子春的伤势后，进行了简单的矫正推拿和包扎固定，开了些药。离开的时候，特地嘱咐子春要在家里好好休养，过不了多长时间就能够恢复，没有多大的事情。又劝慰子春的母亲，不用太担心，子春好好养几天就好了。听到这话，母亲才总算放下心来。

就这样，乐正子春在家休养，可是他的心里却感觉非常愧对家人，尤其是自己的伤痛令母亲担心忧虑，非常不该。也正是因为这样，乐正子春脚伤好了之后也没有立即出门，而是选择了闭门思过。乐正子春周围的朋友见他伤痛好了，仍旧闭门不出，不禁问道："先生您的足病都已经痊愈了，为什么数月了还不肯出门，脸上还常常露出忧愁之色？"

乐正子春说："你问得好，问得好啊！我从老师曾子那里听说，天所生育的，地所养育的，没有比人更大的了。父母完整地生育子女，子女就应完整地归还给父母，如此可称为孝。不亏损自己的身体，不辱及自身，如此可称为完全。所以，君子每走一步都不敢忘记孝。由此我想，凡是能够做到谨慎孝敬父母的人，都不会使自己的身体无缘无故地受到损伤，父母生下子女完完全全的身体，子女就应当保持完完整整的，不敢丝毫有损。可如今我没能爱惜自己的身体，下台阶的时候竟然走神把脚崴了，使自己的身体受损，让父母为此担心焦虑，忘记了爱惜身体是孝敬父母的起码要求，也辜负了老师平日里对我的悉心教诲，因而才面带忧愁之色，如今闭门不出只是在悔过罢了。"

乐正子春的朋友听他这样说，都非常的感动，认为他真是一个至诚至孝的人。乐正子春的老师曾子听说这件事情后，也赞扬他能够从各个方面思考去孝敬侍奉父母，做到了处处恭敬谨慎，如此严格要求自己、修养自己，确实是难得的孝子。后来，乐正子春因崴脚而闭门不出、静思己过的事情被越来越多的人知晓，人们都对他赞赏有加，并纷纷以乐正子春为榜样，学习他的孝心、孝行。

"身体发肤受之父母，不敢轻易损伤"，这对我们现在的子女来说有很大的教育意义。尤其是，现在有越来越多的子女不懂得爱惜自己的身体，甚至遭遇了一点挫折或磨难就选择轻生，走向绝路，这其实是极为不孝的行为。好好地珍惜与爱护自己，避免让父母为自己操心劳力，也是在为父母尽孝。由此，人们在立身处世的时候，在侍奉双亲的时候，一定要懂得以孝塑身，用孝念和孝行来指导自己的言行举止。

沈季铨孝母

沈季铨，唐朝洪州豫章人。很小的时候，他就失去了父亲，是跟母亲相依为命长大的。所谓穷人的孩子早当家，在母亲的悉心教育和教诲下，沈季铨比一般同龄的孩子都懂事明理，对母亲也十分的敬爱、体贴。平日里，他不仅能够听从母亲的教诲，而且还常常会干些力所能及的家务活来减轻母亲独力支撑整个家庭的重担。他清楚母亲教养自己的艰辛和不易，总是想着尽自己的能力为母亲做些事情，替母亲分担一些。

而且，沈季铨在和同龄的小伙伴玩耍的时候，也显然比其他的孩子要更加沉静，不会胡闹。对于其他同龄孩子的挑逗和招惹，他也总是能够宽容大度地处理，轻易不会与他们起争执，他知道若是与他人起争执，发生争吵甚至打架，势必会让母亲担心，给母亲带来不必要的麻烦或纠纷。但是，同龄的小伙伴并不理解他，认为他这是好欺负，是软弱无能的表现，有几个甚至越发地放肆，时不时地挑衅滋事。

这时，有个相对懂事的孩子走过来问他："你这么老实，凡事处处忍让退避，难道不知道别人都说你软弱无能吗？"沈季铨回答说："为人老实有什么不好呢？忍让退避一下，避免矛盾激化引发更激烈的举动，不是很好嘛！"那孩子听了，说道："可是你这样也太不争气了，别人会越发地轻视你，动不动就会欺负你。"沈季铨回应说："事实上，我并不是害怕畏惧他们，也不是怕说不过或是打不过他们，而且我的老实不惹事也并非软弱可欺。我之所以能忍则忍，不想把事情闹大，是因为不想母亲为我的事情而操心费神。你想想看，你若是和人家争吵，你说别人的不是，别人自然也就会说你的不是；你骂了人家，人家自然也就会骂你，这样不仅自己受气，也会使父母之名受到侮辱，这对父母可是大大的不孝。若是与人家打了起来，不管是把别人打伤，还是自己的身体出现损伤，都会让父母担心忧虑，伤心难过。所以，孝敬父母就必须做到自尊自爱，不能惹是生非，尽量不与人争吵或是打架。这又怎么能说是软弱无能呢？"

那孩子听了，很受启发和触动，认为沈季铨说得很有道理，对沈季铨之前的行为也都理解了，表示做子女的在外面确实应该懂事明理一些，尽量减少与人争吵和斗嘴，避免不必要的争执，否则就会给父母带来困扰和负担，就是不孝的表现。就这样，那孩子以后待人处事也非常礼敬，处处谨慎小心。而这件事情、这些话传到同龄人的耳朵里，大家也都感到沈季铨说的不假，于是便再也不招惹和挑逗他，相反还十分敬重他，以后什么事情都以他为榜样，不再随随便便地招惹是非，与人争执甚至打架。孩子的父母们知道了这一切，都对沈季铨十分欣赏和肯定，认为他是一个孝心可嘉的孩子。

贞观年间，一天，沈季铨陪着母亲到远房亲戚家串门，在照料母亲过江的时候，不料忽然刮起了大风，在大风的吹打下，小船失去了控制，船身一摇母亲就掉到了江里。沈季铨心急如焚，不顾狂风呼啸，江水湍急，立即也跳了下去。跳进江里之后，沈季铨就奋力向母亲游去，在游到母亲身边的时候，他就赶快把母亲抱起，尽量让母亲头部保持在江面之上。可是，风实在是太大了，江水在狂风的吹打下又急速流动，沈季铨终因体力不支没能将母亲救上岸，他就这样紧紧地驮着母亲一起沉入了江中。

第二天，狂风停止，岸上的人才发现漂浮在江面上的尸体。打捞上来的时候，人们发现沈季铨的双手仍旧牢牢地抱着母亲，人们费了好大劲才把沈季铨的双手掰开。当地执政的都督谢叔方看到这一幕非常的感动。为了表彰沈季铨不惜性命、舍身救母的品格，他特意命人买来了棺椁和祭品，岸边的老百姓也主动前来帮忙操持沈季铨母子的后事。后来，人们把他们母子葬在了江岸边的高处，命名为"孝子坟"。

由此看来，沈季铨确实是一个令人肃然起敬的孝子，他不管是在平时的生活中，还是在母亲危难之时，都表现出了无私的孝心。而他舍生忘死跳江救母的事迹，也随着人们的口口相传，激励和教育了一代又一代的年轻人。不过，对于现代的尽孝方式而言，我们提倡的是在孝心的基础上懂得用更加智慧的方式来尽孝，而不是以牺牲自己为代价，就像我们如今把"见义勇为"改为"见义智为"。其实，现代的尽孝方式及态度也是如此，不能以为牺牲自己的方式才是在尽孝，才最能彰显尽孝的态度。

卞庄子为母采蜜

卞庄子，出生在春秋时代的鲁国卞邑。他不仅是鲁国著名的勇士，而且还是一位德行很高、具有孝心的人。人们对他的孝行赞赏有加，纷纷效仿他对父母尽心竭力地侍奉。

据说，在卞庄子还没有做官之前，他家住在卞桥东北十几里的蜂王山下。当时，在蜂王山上有一窝非常大的蜂群，它们占据蜂王山头，时不时地就聚集在一起袭击周围村庄的人畜，而人们也都十分惧怕大毒蜂蜇咬，没有人敢上蜂王山打猎或是打柴，都离得远远的。

一次，卞庄子的母亲得了重病，在疾病的折磨下，母亲身心俱疲，而且吃什么饭也不香，睡觉的时候也睡不好，身体状况越发地糟糕。看着母亲被病痛折磨得如此憔悴，卞庄子心中一阵阵的酸楚，也想了很多的法子尽量减轻母亲的病痛，增进母亲的食欲，可是结果都不怎么理想，母亲仍旧饮食不佳。为此，卞庄子心急如焚。

一天，他来到母亲的床榻前，询问母亲想要吃点什么。母亲有气无力地对卞庄子说道："娘的嘴里总是觉得苦，想要吃点甜的东西。""甜的东西，在我们村庄方圆几十里的地方，甜的东西那就数蜂王山上的蜂蜜是最甜的了，别的什么食物都难以与其相比，可是要怎么拿到蜂王山上的蜂蜜呢？"卞庄子面露难色地说道。确实，别说是到蜂王山去采蜂蜜，需要近距离地靠近蜂巢，就连在蜂王山的半山腰上也很有可能遭到毒蜂的袭击。母亲听卞庄子说到蜂王山，自然也明白上山采蜜的艰难和危险，于是对儿子说道："既然是这样，我儿就不要发愁了，寻些其他东西也可以，万万不可上蜂王山冒险！我其实也只不过是说说而已，也没有非得吃那甜的，只要有些甜味的食物都可以的。"

下庄子知道这是母亲在安慰自己，担心自己上蜂王山采蜜会遭遇危险，所以也安慰母亲道："母亲，您不用担心，不就是蜂王山嘛，别人不敢去，我却是不怕。您放心，我有安全妥当的办法，一定给您采来最甜的蜂蜜让您食用，也不会让自己受到伤害。"说罢，下庄子就扭头离开了。

下庄子嘴上虽然这样说，但是上蜂王山采蜜绝对是一场冒险，自己除了祈祷上苍护佑也别无他法。但是为了母亲食欲能够好些，下庄子丝毫没有退缩。就这样，下庄子孤身一人就上山了。他仅有的两样装备就是筐子和柴刀，遇到挡路的荆条就用柴刀砍倒，因为蜂王山常年无人上山，就连路也要自己摸索着才能上去。如此，下庄子就背着筐子，拿着柴刀一步一步地向蜂王山进发。在他上山的过程中，荆条多次划破了他的手指和衣服，可是他都全然不理，他唯一在意的就是尽快地找到蜂巢，取到蜂蜜。

功夫不负有心人，下庄子终于找到了蜂巢，只见蜂巢附在山石的上面，巨大的蜂房足足有他携带的筐子两三倍大，蜂房上面聚集着一群群密密麻麻的毒蜂，让人无处下手。没有办法，下庄子只能硬着头皮匍匐在地上缓慢地上前，并且在嘴里念叨着："蜂王，我无意冒犯，只是家中母亲病重，不思饮食，所以才来这里借些蜂蜜，还请您可怜我病重的母亲，高抬贵手啊。"神奇的是，那些蜂群好像是听懂了下庄子的念叨，都绕开了他前进的路线，从他靠近蜂巢到取到蜂蜜，竟然没有一个毒蜂来袭击他。他就这样顺顺利利地用腰间的柴刀在巨大的蜂房里割下一块蜜拿回了家。

回到家后，下庄子就立即把取到的蜂蜜进行了简单的加工，做成了食物，对母亲说道："母亲，我已经从蜂王山那里取来了蜂蜜，您赶快尝尝甜不甜。"母亲闻着儿子手中食物传来的阵阵香甜，看着儿子身上满身的刮痕以及弄得破破烂烂的衣衫，不禁感动地留下了热泪。这时，卞庄子舀了一勺蜂蜜，送到母亲的嘴里，母亲吃在嘴里，甜在心里。从那天开始，母亲食欲逐渐好了起来。就这样，蜂蜜不仅滋补了母亲的身体，让母亲恢复了食欲，疾病也慢慢地开始好转。如此没过多长时间，母亲的病就痊愈了。

随着母亲身体痊愈，卞庄子不顾危险孤身上蜂王山为母取蜜的事情流传了开来，人们都对这个一心尽孝、无所畏惧的年轻人赞赏有加。也有不少的家长以卞庄子的事迹为例教育孩子，让孩子以卞庄子为榜样。

确实，卞庄子的孝心值得我们每一个人学习。尤其是在如今心态浮躁、功利心日重的大环境下，这种对父母无私的奉献和付出，不计得失、不计代价的爱是值得肯定的。尤其是，随着世俗化和功利化的影响，有不少人把年老的父母看成负担和累赘，甚至有的遗弃自己的父母亲，对自己的父母不管不顾。显然，这些都是极为不孝的行为。我们在读了这个故事后，一定要怀有一颗爱人之心，尽心尽力地侍奉双亲。

孝治章第八

以孝治国，人和方能国家安泰

孝治章第八：以孝治国，人和方能国家安泰

▉ 原典

子曰："昔者明王之以孝治天下也，不敢遗①小国之臣②，而况于公、侯、伯、子、男乎？故得万国③之欢心，以事其先王④。治国者⑤不敢侮于鳏寡⑥，而况于士民乎？故得百姓之欢心，以事其先君⑦。治家者⑧不敢失⑨于臣妾⑩，而况于妻子乎？故得人之欢心，以事其亲。夫然，故生则亲安⑪之，祭则鬼⑫享之。是以天下和平，灾害不生，祸乱不作⑬。故明王之以孝治天下也如此。"

《诗》云："有觉德行，四国顺之。⑭"

注释

①遗：放弃，舍弃。这里主要是指对附属小国的疏忽、怠慢。

②小国之臣：指附属小国派来的使臣、使节。

③万国：万，虚数，极言其多。天下所有的诸侯国。

④先王：已经去世的父祖，这里是指"明王"。这是说各国诸侯都来参加祭祀先王的典礼，贡献祭品。

⑤治国者：国，是指分封的诸侯国。治国者，指诸侯。

⑥鳏寡：鳏，指丧妻者。寡，指丧夫者。老而无妻或是无夫的人，这里主要是泛指孤苦无依的人。

⑦先君：诸侯已故的父祖。这里说老百姓们都来参加对先君的祭奠典礼。

⑧治家者：家，家产，家业，这里是指卿、大夫受封的贵族领地。治家者，指卿、大夫。

⑨失：丧失，失去。

⑩臣妾：指家内的奴隶，一般男性奴隶为"臣"，女性奴隶为"妾"。也泛指卑贱者。这里则是泛指奴仆、妾婢。

⑪安：安乐，安宁，安心。

⑫鬼：迷信者认为人死后精灵不灭，称之为鬼。这里是指去世的父母的灵魂。如《论衡·讥日》中有言"鬼者死人之精也。"

⑬作：兴起，出现，发生。

⑭有觉德行，四国顺之：觉，伟大。四国，四方之国。选自《诗经·大雅·抑》，是《诗经·大雅·荡之什》的一篇。这首诗为机警之诗，其中也有对时政不满的流露。

译文

孔子说："以前圣明的君主帝王是以孝道来治理天下的，即使是对微不足道的小国派来的使臣也都以礼相待，不会疏忽怠慢，更何况是对待公、侯、伯、子、男这样的一些诸侯。所以能够得到各诸侯臣民的拥护和爱戴，使他们能够帮助天子准备并参加祭祀先王的典礼。对于治理一方封地的诸侯来说，他们就算是对失去妻子的男子以及失去丈夫的女子都很是礼敬，不敢轻慢和欺辱，更何况是对它属下的臣民和百姓呢。所以能够得到百姓的拥护和爱戴，使他们能够帮助诸侯筹备并参加祭祀祖先的典礼。对于治理自己卿邑的卿、大夫来说，他们即便是对奴仆婢妾也不会失礼，令人失望，更何况是对他们的妻子和儿女了。所以能够得到大家的拥护和爱戴，使大家能够心甘情愿、齐心协力地帮助主人，奉养他们的父母双亲。正因为如此，所以父母在世的时候才能够安乐、宁静的生活，在去世后灵魂才能够安享后代的祭奠。因此，天下也就能够祥和太平，风雨、水旱之类的天灾就不会发生，反叛、暴乱之类的人祸就不会出现。所以圣明的君王以孝道来治理天下，就会出现上面所说的那样的太平盛世。"

《诗经·大雅·抑》中有言："天子有伟大的道德和品行，四方的国家无不仰慕归顺他。"

解析

《孝治章第八》是在讲述圣明的君主帝王、诸侯、卿、大夫要以孝道来治理天下的道理。如果天子、诸侯、卿、大夫懂得以孝道来治理天下、封地和自己的下属，那么便能够获得人们的拥护和爱戴，治理起来也就顺畅无阻。当然，这也是孝治的应有之义。

具体来说，孔子在给曾子讲述孝治时，首先讲到了先代圣明君主以孝道治理天下的状况。明哲圣王在推行孝治的时候，能够做到把爱敬之心推及他人，纵然是来自附属小国的使臣，天朝也都会以礼相待，不敢稍有轻慢和怠惰，而对于那些直属的封疆大吏，如公、侯、伯、子、男，更是没有丝毫的轻视和慢待，礼节周全。由此，不管是远近亲疏，天朝都秉承以孝道的敬爱之心和周到的礼节来对待，因而不管是诸侯还是远方的附属小国都心悦诚服，远近朝贡。那么，作为天子来说，用这样的万国朝贡的政治局面和盛世来侍奉先王，足以告慰先祖英灵，就可以说把天子的孝道尽到了极点。

再说古时的诸侯，他们在自己的封地内，以孝道的义理来治理臣民百姓，以敬爱之心推己及人，对封地中的每一个人，就是对鳏夫和寡妇也都毫不例外的依礼节来对待，不分贵贱、无所谓亲疏。诸侯下面的臣民也都能够像享受到平等的礼遇，不会有所偏私袒护，由此封地内所有的臣子百姓无不诚信拥戴和尊敬。作为一方诸侯来说，赢得这样众臣民拥戴的局面，治下有方，在侍奉祭祀先祖的时候也就可以说是把孝道尽到了极致。

除了诸侯之外，还有卿、大夫对自己贵族领地的治理。他们在治理的时候，若是能够推及敬爱之心，上达妻妾子女，下达奴仆侍婢，无论尊卑贵贱都不失礼节，诚心以待。要知道，待人是一种相互传递和反馈的过程，你待人以礼，别人也会对你礼敬有加。如此一来，夫妻相亲相爱，兄友弟恭，儿女欢乐，主仆和睦，一门之内就会呈现出祥和安乐的气象。可想而知，以这样的孝道之心来治家待人，得来的将是积极的回报。那么，卿、大夫也就能够赢得领地内所有人的拥护和爱戴，继而是祖宗祭祀典礼就能得以昌盛。

以此推而广之，如果真的能够按照这样的方法来治理家国，就能够使天下人心和顺，百姓臣服。而且，如此一来，那些做父母的人，活着的时候就能够安心享受到膝下儿女的侍奉，去世之后也能够欣然接受子女祭祀的礼品。所谓齐家、治国、平天下，卿、大夫、诸侯在自己的管辖内都能够推行孝道之举，以孝义来广施仁爱，那么天下和平安定，甚至那些破坏和平气象的水旱病虫灾害也会消失得无影无踪，那些盗匪流血的祸乱也会因此而消弭。而这一切都是圣明君王以孝治理天下所产生的效果。由此可见，孝治对于国家治理有多么重要的作用。

最后，孔子又引用了《诗经·大雅·抑》中的诗句再次申明，作为一国之主，若是能够仁者爱人，有良好的道德和行为，那么所有诸侯国以及附属国都会被自然而然地感化，而心悦诚服地归附顺从。所以，以孝治国具有无可比拟的优势，也是其他治国方法诸如严刑等不能相比的。可见，孔子对孝道的理解和认识是非常全面和深刻的。

■ 故事链接

大禹治水十三年未入家门

大禹，远古时期夏后氏的首领，据说是帝颛顼的曾孙，皇帝轩辕氏第六代玄孙。他的父亲名鲧，是帝尧时期有崇部落的首领，主要的功绩是治理洪水，母亲为由莘氏女修己。在父亲鲧的影响下，大禹最终成为了一位治水英雄，也因其在治水中起到的巨大作用，使其成为继舜之后又一名古今称赞的远古部落首领。

早在远古五帝时期，由于洪水泛滥，人们生活极其艰难，总是备受其害，可是就连当时的帝尧都拿洪水没有办法，多年治理也不见成效。后来，帝尧把治理水患的重任交给了有崇部落的首领鲧。鲧以擅长治水而著称，可是鲧治理方法失当，多年也未能成功，洪水之患仍旧存在，对人们的危害甚至是有增无减。

后来，到了虞舜的时候，洪水问题依旧是困扰和危害华夏部落的大问题，人们时常受到洪水的侵袭，而且如今洪水造成的灾害远比以前要大。人们也明显感觉到，鲧的治水之策存在极大的问题，于是便积极寻找其他的治水良策。而大禹是个至诚至孝的孩子，一直以来对父亲都尊重敬爱有加，在父亲长期治水的影响下，自己对治水也逐渐有了自己的见解和看法。父亲鲧治水失败后，被放逐羽山而死。大禹就想着自己一定要想办法完成父亲未竟的事业，所以他日日琢磨治水的方法，总结父亲治水的经验和教训。

逐渐地，大禹琢磨出了一套疏导的方法，并得到了部族首领虞舜的肯定和支持。于是，虞舜把治水的重任交给了鲧的儿子大禹。但是，鲧长期治水的不成功使得人们对大禹的能力也表示怀疑。不过，大禹并没有因此而气馁，反而将之当作对自己的一种激励。所以，大禹自从接了治水的重任之后便尽心竭力地操持，凡事都亲力亲为。最终，大禹总结出了一套完整的"疏、顺、导、滞"的治水方案，就是利用水自高处往低处流的自然规律，顺地形把壅塞的川流疏通，把洪水引入疏通的河道、洼地或湖泊，然后合通四海，从而平息水患，以便百姓能够从高地迁回平川居住和从事农业生产。

但说起来容易，在没有先进工具的远古社会，绝大多数的开掘疏通都需要人力来完成，而对于纯人力来说，这无疑是一个巨大的工程。也正是因为这样，大禹终日在治水工程中埋头苦干，不管是先前勘察各个河流水文、搜集资料，还是后期指导人工开挖、搬运泥土等工作，大禹都亲力亲为，仅仅勘察水文、搜集各河流的各项资料就花费了数年的时间。

对各河的水文资料、河流流经的地形地势条件等掌握完全之后，大禹就率领众多的劳工进行河流的疏导挖掘，先是凿开龙门，后又凿通积石山和青铜峡等，如此奔波往返，一次又一次。就这样，大禹治水前前后后花费了十三年的时间，而在这十三年的时间里，大禹好几次从自己的家门前经过，却都没能抽出时间来走进家门看看，甚至连自己刚出生的孩子都没有工夫去爱抚。

功夫不负有心人，大禹带领着人们总算做好了各项工作，治水获得了成功。大禹也成为中国历史上第一位成功地治理黄河水患的治水英雄。而此次治水的成功，除了大禹的坚毅与无畏外，十分重要的一点，那就是他骨子里对父亲鲧的敬爱，因为鲧治水的失败促使他对治水抱有很大的决心，一心秉承父志，想要用自己的治水行动来告慰父亲的英灵。结果大禹终不负所托，顺利地完成了父亲没有完成的使命，也使得自己在治水中的表现赢得了众人的肯定和认同，使父亲鲧的声名得以在后世显扬。

在今天有些人看来，大禹的做法或许有些不合情理，但这正是他大孝的体现。他切实做到了先国后家，把个人对小家的爱转化为了对所有人大家的爱，用仁义赢得了人们的肯定和认可，尽自己最大的能力来完成父亲未完成的事业。所以，对于居上位者，要想得到他人的认同和肯定，最重要的就是要能够以孝义来治理和统御。对现如今的人来说，无论是国家的公职人员还是每一个奋斗在工作中的人，都要尽力做到守孝，并以自己最大的能力把孝心转化到自己的工作中去，以最大的热忱做出自己最大的贡献。

汪廷美因赦减租

汪廷美，宋朝婺源（今江西省婺源县）人，生性笃实忠厚，自幼就是一个非常孝顺的孩子。长大之后，他对父母也一直敬爱有加，而且在与族人相处的过程中都非常融洽和睦，是一个受人敬重和爱戴的人。

汪廷美从小到大一直和族人一起生活，在长达数十年的时间里都没有和人发生过什么争执和纠纷，族人们平日里的关系都非常的融洽和睦。每天吃饭的时候，大家都会等族人到齐了才开饭，若是族人中有谁没有按时前来，其他的族人就会一直等着，直到大家都来了才享用美食。族人们之间非常的团结友善，无论做什么事情大都能够做到推己度人，不会为了一己私利而做些有损他人利益的事情。

汪廷美平日里十分孝顺，有了什么好吃的、好用的也会首先让父母享用。而且，他为人朴实，从不爱慕虚荣，不追求所谓的虚名。如若不是什么祭祀场合或是有特别活动，他一概不吃荤腥，日常饮食都非常的清淡。

有族亲要办丧事的时候，汪廷美会严格遵循礼制的要求和规范，为亲人守丧，闭不见客。每当祖母的忌日，他更是恪守礼仪，身穿素净的衣服，整理好仪容，在祖母的灵前祭拜。而且，在祖母忌日的前后几天，他都不会出家门，进行任何的活动，出席任何的场合，唯一的事情就是斋戒沐浴、为祖母准备祭祀的用品。后来，朝廷实行宽松的赋税政策，为了减轻百姓负担，藏富于民，特地减了百姓十分之二的赋税。而汪廷美为了响应号召，更是随即减去了佃户十分之二的地租。租户们都对他感恩戴德。

不仅如此，汪廷美在待人处事方面也非常的宽容大度，尤其是对因孝义而做出的不当之举。有一年夏季，村里有个人把汪廷美家中的鹅偷走了，经过一番查探后总算找到了偷鹅贼。于是，汪廷美亲自问他："你为什么干这种偷盗之事啊？"那人回答说："其实我并不是心怀恶意偷您家鹅的，只是因为夏天快到了，眼看祖先祭祀的日子一天比一天临近，可是家中却没有什么荤腥可以供奉，无奈之下，这才偷了您家的鹅。"

汪廷美听了那人的一番说辞，觉得他虽然犯了偷盗之事，但也情有可原，况且是出于对祖先的孝敬，于是汪廷美念在他一片孝心的分上，不仅没有把他偷盗的鹅要回来，反而还额外赠给了他很多祭祀用的美酒和鲜肉。对于汪廷美的宽容大度，那人当场痛哭流涕，泣不成声，表示以后再也不干此等偷盗之事。而对偷鹅之人反赠美酒的事情，很快便在村子里传开了，人们对汪廷美的品德和行为更加赞赏，对汪廷美也更加的敬重和爱戴。

这以后，后辈中有人犯了什么错，汪廷美也从来不会不分青红皂白地打骂教训，而是问清事情的来龙去脉，如果确实情有可原则从轻处置，如果是蓄意破坏则严厉处罚，并且都细致耐心地给他们讲解孝义仁德的处世道理：如果为非作歹、惹是生非，不仅会给自己带来灾祸，也会使父母祖先的名声遭到损伤，所以，万万不可为一己、一时之私利而误入歧途。而经过汪廷美教导的后辈人大都能够重新走上正途，在家孝养父母，在外与人亲善。

由此可见，汪廷美不愧是一个至善至孝的人，他的孝心、孝行一步步催生了他爱己爱人之心，并且以自己的孝心、孝行逐渐影响了周围的人，使得族人之间的关系融洽和睦，使得他自己赢得了人们的敬重和爱戴，也使得汪氏祖先的声名得到显扬，受到人们的一致赞扬和肯定。所以，孝道是感化人心、拉近人际关系的重要力量，我们在立身处世的过程中，都要奉行孝道之义理，与人为善。也正是因为这样，古代的圣明君王大都以孝道来治理天下，而且在孝道的治理下，都出现了盛极一时的太平盛世。所以，如今具体到我们个人，在立身处世的时候凡事就能够事半功倍，得心应手。

拓跋宏孝心至诚

北魏孝文帝拓跋宏（公元 467—499 年），魏献文帝拓跋弘的长子，南北朝时期北魏的第七位皇帝，是杰出的政治家、改革家，一位具有雄才大略的帝王。而且，拓跋宏令人称道的一点还有他至诚至孝的表现，他很小的时候就非常有孝心，在三岁的时候就被父亲献文帝立为太子，他对父亲也十分的关爱和敬重。

拓跋宏的母亲在他很小的时候就去世了，他从小是祖母冯太后抚养长大的，冯太后是一个精明强干的女政治家，但是也极其霸道，在处理朝政的时候常常与献文帝发生冲突和分歧。冯太后很早便想着让拓跋宏尽快取代献文帝的位置。拓跋宏当时年纪虽然很小，但十分懂事，也非常孝顺，他从来不会仗着祖母冯太后的恩宠而对父亲施加任何的压力，相反却是十分敬爱。

一年，在一场复杂的宫廷争斗中，献文帝急切之下，后背长出了一个毒痈。宫中的太医用了各种各样的灵丹妙药，毒痈都不见好转，献文帝的身体每况愈下。冯太后看着献文帝日渐衰弱的身体，紧锣密鼓地策划拓跋宏早日继位。而拓跋宏看着父亲背上的毒痈却是心急如焚，天天都要跑到父亲的寝宫去探视病情。怎奈，父亲献文帝背上的毒痈却越来越大，丝毫不见好转的迹象，毒痈每天都折磨得献文帝额头直冒冷汗，晚上在床上翻来覆去就是睡不着，甚至号啕大叫。父亲的这一切，拓跋宏看在眼里，心中非常的难过和着急。为此，他经常整夜整夜地侍奉在父亲床前，宫女送来的汤药，他总是要先亲口尝一尝，然后再给父亲喝下。

可尽管如此，连续吃了太医开的几剂药，毒痈也没有下去，而在毒痈的多日折磨下，父亲献文帝的精神也大不如前。拓跋宏每日听着父亲的痛喊声，心中越发急切，恨不得毒痈是长在自己的身上。第二天，拓跋宏听到宫中的太监们私下议论："皇上怕是熬不了几天了！"听到这样的话，拓跋宏害怕极了，他急忙赶往父亲的寝宫，看着父亲背上的毒痈隆起得更高了，毒痈的尖亮亮的，显然这里面全都是有毒的脓血，有的地方已经破了口，脓血从这些破口处正在往外流。这时，拓跋宏看着父亲背上的毒痈向太医问道："是不是把痈里面的脓血吸出来，父皇的病就会好了呢？"太医惊慌失措地回应说："或许，恐怕……臣也不敢担保……"

可没等太医把话说完，拓跋宏就大步走上前去，用嘴对准了父亲献文帝背上的毒痈，用力往外吸，随即向外吐出脓血。宫女们见状都吓得手忙脚乱，纷纷送来清水、毛巾来让太子漱口清理。吸出脓血后，魏文帝随即感觉身上轻松了很多，太医又根据病情新开了一些药方。就这样，过了没几天，献文帝的毒痈就消失了，身体也基本痊愈了。而献文帝事后得知儿子拓跋宏为自己不避风险，亲口吸出毒痈的脓血，甚至感动，连连夸赞拓跋宏是个大孝子。

后来，献文帝去世，在冯太后扶持下，拓跋宏顺利继承帝位。此后，拓跋宏便把所有的孝心都付诸祖母的身上。这时拓跋宏年仅五岁，处理朝政既无心也无力，只得暂由祖母冯太后主持。在这期间，拓跋宏由于秉性孝谨，政事无论大小，都会先禀明冯太后。可是，随着拓跋宏年龄的增长，冯太后看拓跋宏日渐英敏过人，逐渐对他没有了往日的亲厚，对他时有苛责甚至习难。一次在严寒的冬季，冯太后曾把拓跋宏关在空房子里，三天不给他饭吃，还想要废黜他。但终究因多位大臣强烈反对，才将他放了出来。

又一次，因权阉暗中谗构，使拓跋宏无故遭受冯太后的杖刑。可是对于如此种种，拓跋宏全然没有放在心上。太和十四年（公元490年），冯太后因病去世，拓跋宏哀痛异常，一连几天都吃不下饭、睡不着觉，在群臣的极力劝谏下，他才勉强喝了一碗粥。

拓跋宏追封冯太后为"文明太皇太后"，安葬冯太后于永固陵。另外，出于孝心，拓跋宏还在永固陵东北一里处，筹建自己的陵墓，以便在自己百年之后继续聆听祖母冯太后的教诲。只是后来迁都洛阳后，才又更改了陵墓所在地，也就是后世称为"万年堂"的地方。

所以，拓跋宏是一个至孝之人，并一直怀着这份孝义之心侍奉与对待父亲文献帝、祖母冯太后。在二十三岁亲政之后，他也以孝立身，进行大刀阔斧的全面改革，以汉服代替鲜卑服，以汉语代替鲜卑语，鼓励鲜卑贵族与汉族士族通婚等。经过此次改革，北魏政权成为汉化的封建王朝，受到汉族、鲜卑族地主官僚的一致拥护，皇权得到巩固。而且孝文帝生活俭朴，勤于政事，爱护民力，不兴土木，因此备受世人称赞。

可见，孝道是立身处世的根本，也是建功立业的要素。作为圣明君主，他们大都懂得也能够知道以孝道来治理天下，让孝道来感化万民，使得万民在孝道的感召下，立身处世，从而让人们和睦相处，社会安定和谐。拓跋宏正是做到了这一点，才使得皇权巩固，万民顺服。所以，孝道有一种巨大的力量，我们在外面打拼事业的时候，千万不要忘了这一点。这是我们的根，也是今后成就一番作为的重要保障。

圣治章第九

孝治主德，唯德威并重政令通

圣治章第九：孝治主德，唯德威并重政令通

■ 原典

曾子曰："敢①问圣人之德，无以加于孝乎？"

子曰："大地之性②，人为贵。人之行，莫大于孝，孝莫大于严③父。严父莫大于配天④，则周公⑤其人也。昔者周公郊祀⑥后稷⑦以配天，宗祀⑧文王⑨于明堂⑩以配上帝。是以四海之内，各以其职来祭。夫圣人之德，又何以加于孝乎？"

"故亲生之膝下，以养父母日严。圣人因严以教敬，因亲以教爱。圣人之教，不肃而成，其政不严而治，其所因者，本也。父子之道，天性也，君臣之义也。父母生之，续⑪莫大焉。君亲⑫临之，厚莫重焉。故不爱其亲而爱他人者，谓之悖德；不敬其亲而敬他人者，谓之悖礼。以顺则逆，民无则焉。不在于善，而皆在于凶德⑬，虽得之，君子不贵⑭也。君子则不然，言思可道，行思可乐，德义可尊，作事可法，容止可观，进退可度，以临⑮其民。是以其民畏而爱之，则而象之⑯。故能成其德教，而行其政令。"

《诗》云："淑人君子，其仪不忒。⑰"

注释

①敢：谦辞，冒昧之意。

②性：指天地万物得诸自然的禀赋。有道是，人与物皆得天地之

气以成形，禀天地之理以成性。

③严：尊重，敬重。

④配天：配，配享，即以他神附于主神一同祭祀，如天子为了推扬他的先祖，便让先祖与天同享祭祀，以表达极致的尊敬。配天是指祭天的时候以祖先配享。

⑤周公：西周初年政治家，姓姬，名旦。周文王的儿子，周武王的弟弟。曾辅助武王灭商，武王死后，由于成王年幼，由周公摄政。后来，周公平定武庚叛乱，大封诸侯，并营建东都邑。相传周代的礼乐制度都是周公制订的，而且还建立典章制度，主张"明德慎罚"。

⑥郊祀：古时帝王在冬至之日会率领三公九卿等诸大臣于都城南方郊外祭祀上天，感恩上苍，为国家和百姓祈福。

⑦后稷：周族始祖，姬姓，名弃，皇帝玄孙。传说为有邰氏之女姜嫄踏巨人脚印怀孕而生。在尧舜时期为掌管农业之官，善于种植粮食作物，主管农事，教民耕种。

⑧宗祀：对祖先的祭祀。也泛指各种祭祀。

⑨文王：商末周族领袖，周朝的奠基者，姬姓，名昌，其父死后，继承西伯侯之位，故又称西伯昌。曾被商纣王囚于羑里。统治期间国力强盛，解决虞、芮两国争端，使其归附；后攻灭黎、崇等国，建都丰邑，是中国历史上的一代明君。

⑩明堂：帝王所建的最隆重的建筑物，古代天子用于朝会诸侯、发布政令、祭祀庆赏、配祀祖宗等大典的地方。古人认为，明堂上可通天象，下可统万物，故而天子又常在这里宣读政教。

⑪续：继续，连续，这是主要是指传宗接代。

⑫君亲：指君臣之义、父子之亲。

⑬凶德：指不爱敬其亲而爱敬他人之亲。

⑭贵：重视，崇高。如《论语·学而》中言"礼之用，和为贵"。

⑮临：面对，治理。

⑯则而象之：象，模拟，仿效。取法而仿效。

⑰淑人君子，其仪不忒：淑人，善良的人。仪，仪态。忒，差错。选自《诗经·曹风·鸤鸠》，为赞美贤人之作。意思是，一个负责管辖百姓的善良君子，他的威仪礼节，一定没有差错，他才能够为人作模范，而为老百姓所效法。

译文

曾子说："我很冒昧地请问，圣人的德行，难道没有比孝道更大的了吗？"

孔子回答说："天地万物的禀赋，其中以人类的最为尊贵。人的德行当中，没有比孝道更重要的了，而要论孝道，没有比敬重父亲更为重要的了。若论敬重父亲，没有比将祖先和天地一起祭祀更为重大的了，而这只有周公一人做到了。当初，周公暂代成王统摄朝政，在都城郊外祭天的时候，将始祖后稷配祭天帝，在明堂进行祭祀的时候，又把他的父亲文王配祭天帝。因为他这样做，所以天下所有的诸侯分所当然，都按照各自的职位前来协助他的祭祀活动。由此可知，圣人的德行，又有什么能够超出孝道之上的呢？

因为，子女对父母的敬爱，在依偎父母膝下的时候就已经开始了，待他长大成人后，有能力奉养父母，则一天比一天更加懂得尊敬疼爱父母。圣人就是根据子女对父母这种尊敬的天性，来教导人们对父母孝敬的道理；因为子女对父亲天生的亲情，教导他们疼爱父母的道理。所以圣人的教化，不用严肃的态度、严厉的推行就能够成功；圣人对国家的管理不用采取严厉粗暴的方式就能够治理得很好，是因为他们凭借的是孝道这一天生自然的本性。父亲与儿子之间的亲情，乃是出于人的天性，君王与臣子之间的爱护也是人类自然的义理。父母生下儿女以传宗接代，延续宗族的生命，所以做子女的没有比传宗接代更重要的了；父亲对待子女既像是尊严的君主，又像是慈爱的亲人，其施恩于子女，没有比这样的恩情更厚重的了。所以，做子女的不去亲爱自己的父母，而去亲爱别人父母的行为，叫作违背道德；不尊敬自己父母，而去尊敬别人父母的行为，叫作违背礼法。不是顺应人类的天性教人敬爱父母，而偏偏要倒行逆施，人们也就无从效法了。不是在爱敬父母的善道上下功夫，而在任由违背道德礼法的恶道施为，虽然能够一时得志，君子也并不重视。君子的作为则不是这样的，凡有所言必然会考虑到要让人们称道奉行；凡有所作为必然会考虑到给人们带来欢乐；其立德行义，必然要使人尊敬；其行为举止，必然要使人们能够效法；其容貌仪表，必然要合乎规矩，使人们仰望而没有办法挑别；其一进一退，必然不逾越礼法，而要能够成为人们的楷模。君子按照这样的方法来治理国家，统治黎民百姓，所以人们敬服而且爱戴他，并且会进行学习和仿效，从而也就很容易成就他的德治教化，顺利地推行他的法规命令。"

《诗经·曹风·鸤鸠》篇中写道："善良的君子，其容貌举止端正，不会有丝毫的差错。"

解析

《圣治章第九》是在讲述圣人以孝道治理天下的道理。在这里，曾子听完孔子论述的君王以孝道治理天下而很容易实现天下和睦安定之后，向孔子问及圣人之德，有没有更大的孝道。对此，孔子表明，圣人以德治天下，是出于人类天性的孝道，据此来感化人民，乃是天下最大的孝道。所谓孝治主德，圣治主威，德威并重，才可称为圣治。也正是因为这样，德教才能成功，政令才得以顺利推行。

具体来说，孔子首先解答了曾子的疑惑，肯定了在天地之间，以人的行为来讲，再没有什么能够大得过孝的德行了。接着便对孝道的作用和本源进行了深度挖掘和剖析，并进行了具体的说明，由孝之大者逐步谈及圣人治国的方针策略。孔子认为，万物出于天，人伦始于父。孝道之大，莫过于对父亲的敬爱，而对父亲的敬爱莫过于在祭天的时候，让父亲配享祭祀的典礼，享受至高无上的荣耀。而占往今来，唯有周公一人做到了这一点。

在周朝的时候，周武王逝世，年幼的成王继承大位，由周公摄理朝政，辅助成王。而周公为了缅怀先祖，创制了在都城郊外祭天的典礼，以始祖后稷作为配享的对象。而后又在明堂祭天，以其父周文王作为配享的对象。周公在这里如此推崇他的始祖和父亲，就是要以德教作为天下的表率，示范于四海之内的诸侯、卿、大夫等广大臣民。结果也正如所料，天下诸侯都以周公为榜样，纷纷按照自我的官职和身份，协助操持以及参加祭祀典礼，从而光宗耀祖。如此隆重尊贵的孝道，可谓是感天动地，世所罕见。这圣人的德行达到了这种地步，还能有什么会大过孝道的呢？

然后，孔子又提出，圣人以孝道来教育引导人们，是遵从和顺应人的天性，而并非有所勉强和强制。毕竟，一个人的亲爱之心，在父母膝下玩耍的时候就已经生发出来了。而随着孩子在父母的教育下一天天长大，子女对父母的尊敬也一天比一天强。这是顺应人的本性而发展起来的，是人具有良知良能的表现，所以，圣人在治理的时候就抓住了人们对父母日加尊重的心理，对人们的品德和行为进行引导。也就是说，子女对父母尊敬，圣人就教导人待人敬爱的道理，子女对父母亲爱，圣人就教导人亲爱的道理。正因如此，在圣人的治理和教育下，不用严肃戒律就会自然而然地成功，其推行的政令不用什么严厉的措施就会实现大治的局面。这都是依据人们固有的本性。

再说，父亲对子女的亲爱，以及子女对父亲的敬重是天生的，自然而然的。而且，父亲与子女的爱还包含着君臣之义，父亲生子女是为了延续后代，告慰祖先，作为子女，最大的事情莫过于使家族得以继续绵延。而且，父亲对子女来说既是慈父更是严君，其对子女亲爱厚养的恩情是十分重的。由此，孔子进一步阐明，敬爱当从自己的父母开始，若是敬爱别人的父母却不敬爱自己的父母，不仅是悖德悖礼，且不敬不爱则是逆道而行的凶德。因而在教导人民的时候，若是倒行逆施，人们就无从效法，正确的做法应该是顺应人的天性来教导。

最后，孔子又论述了有德君子的正确做法。他们讲出来的话必定要为人称道，做出来的事必定想着如何快慰人心，他所做的德行和义理，必定要能够为人所尊敬。也就是说，君子所做的任何事情，都必须要让人能够效法。为此，容貌举止、一进一退都合乎礼仪，堪称法度。依照这样的君子之行来统御百姓，那么人们自然爱敬有加并自觉地进行模仿而争相效法，所以也就能够顺利地完成其德教，其政令也就不用严格监督就能让人们自觉遵守并奉行。

在结尾处，孔子又引用了《诗经·曹风·鸤鸠》中的诗句，说明一个负责管辖百姓的君子，他的威仪礼节、所作所为必定不会出差错，而为人所效法模仿，能够让百姓视为表率榜样。可见，圣治注重的"不肃而成""不严而治"。这是每一个圣明君主以及处于管理阶层的人所应当借鉴和参考的。

故事链接

黄香扇枕温席

黄香（约公元68—122年），字文强（一作文疆），江夏安陆（今湖北云梦）人。东汉时期的官员，以年方九岁便知事亲而名播京师，被当时人称作"天下无双，江夏黄香"。后来，他在朝为官，历任多职，在任内都能做到勤于政事、一心为公，军政调度有方，深受汉和帝的恩宠和赏识。

在黄香小的时候，他的家里并不富裕，甚至生活还十分的艰苦。而且，在他刚满九岁的时候，他的母亲就不幸离世了。母亲的离世，对于年仅九岁的黄香来说，显然是一个不小的打击。

在母亲去世后，黄香日日思念母亲。白天，他甚至会因为过度思念母亲而将别人误认为是自己的母亲；到了晚上，还会情不自禁地在梦中呼唤母亲。左邻右舍听说了这些事情，都夸赞黄香是一个有孝心的好孩子。人死不能复生，随着时间一天天地流逝，黄香也逐渐从丧母之痛中走出来，开始了新的生活。在母亲去世后，黄香便把所有的孝心都用在了父亲的身上，一心一意地侍奉父亲。

黄香这时候年龄也大了些，要比同龄的孩子成熟稳重许多，动手能力、劳动意识也都非常强。慢慢地，黄香就把本该母亲料理的家务活都接了过来，每次不等父亲安排或是打理，他就已经积极主动地做好了。

不仅如此，黄香对父亲的衣食起居也都照顾得无微不至。在冬天，天气十分寒冷，加上那时农户家里没有什么可以用来取暖的设备，甚至连炭火对很多家庭来说都是奢侈品。贫困人家每天晚上睡觉的时候都只能靠自己的体温来把原本冰冷的被窝暖热，之后才能进入梦乡。为了能够让父亲回家之后安安稳稳地睡个暖和觉，少挨冷受冻，他便在父亲回家之前提前给父亲铺好床铺，并且自己钻进被窝，用自己的体温来温暖冰冷的被窝。直到父亲睡下后，他才回到自己的房间休息。

等到夏天的时候，天气非常的热，尤其是黄香家里低矮的房屋会显得格外的闷热，而且不仅天气炎热，屋子里还会有很多的蚊蝇，扰得人难以入睡。为了解决父亲在夏日睡觉的问题，黄香特地准备一把扇子，在父亲睡觉之前把父亲要睡的枕头和席子都尽量扇凉爽。当父亲来睡觉的时候，床上相对来说就会凉快一些。另外，在父亲没有睡着之前，黄香还会为父亲一直扇扇子，尽力赶走蚊蝇和闷热。

后来，黄香为父亲暖被扇席的事情传遍了大街小巷，人们都纷纷称赞黄香是一个诚孝可感天地的孩子。邻里乡亲也都被黄香的孝行所感动，一传十，十传百，他的孝行很快便传到了当时江夏的太守刘护那里。太守刘护见他小小年纪，竟能有如此孝心，实在是难能可贵，于是便把他作为江夏的孝行楷模上奏给了朝廷，并极力赞扬他的孝行，以作为江夏所有子女的榜样。

人们常说，能够做到孝敬父母的人，也一定能够做到爱护百姓，爱护自己的国家和人民。事实也确实如此，在黄香步入仕途后，果然不负众望，为当地的百姓做了不少的好事。而且，他至孝的品德和行为也感染和影响了无数的人，使得人们在他孝道的感应下纷纷弃恶从善，在他的治下，人们大都和睦相处，彼此相亲相爱。他推行的各项政令，人们也都自然而然地遵守服从，没有违背的情况。虽然如今我们很难做到像黄香那样为父母暖被扇席，却能够尽自己的力量来分担一些力所能及的事情。而且，孝道是植根于人们内心的本性，我们每一个人都应该遵从人的本性，尽心尽力地孝养父母，并以孝义之理来行为处事。

王祥以孝感化继母

王祥（公元184—268年），字休徵，琅琊临沂（今山东临沂）人，在《晋书》《搜神记》《世说新语》中都有关于他孝义的记载。

在王祥很小的时候，母亲薛氏就去世了。后来，父亲又娶了一房妾室，成为了王祥的继母。继母朱氏是一个两面三刀的人，对于自己的这个"儿子"，她始终是怀着抵触和恶意的。平时，继母朱氏一有机会就会在丈夫的面前说王祥的坏话，说他如何如何的不懂事、不尊重长辈、没有礼仪等。就这样，在一次次的诋毁和挑拨中，父亲也开始对自己的这个儿子产生了不好的感觉，认为儿子确实存在这样或那样的问题，继而开始疏远和厌恶他。

在这样的心理作用下，父亲对王祥的态度不知不觉发生了极大的变化，总是特意找些家务活来让王祥做，还常常让他打扫牛圈。本来，这些家务活都是继母该做的。不过，王祥对于父亲的安排没有丝毫的怨言，不管是言行还是举止都比往常更加的谨慎，对父亲和继母也都更加恭敬。他从来没有认为父亲和继母这是在虐待自己，父亲和继母越是对他苛责，他就越是检讨反省自己，想着是不是自己做得还不够好。在父亲和继母生病的时候，王祥寸步不离地守护在床榻前，衣不解带，端水送药。

王祥家里有棵红沙果树结了果实，继母让他守护，王祥就日夜守护，每当刮风下雨的时候，他都会因为担心恶劣天气摧毁果实而抱着树流泪。

有一年冬天，继母突然想要吃鱼，可当时天寒地冻，河里的水早就冻上了一层厚厚的冰，没有办法直接捕捉，若是到集市上去买身上又没有多余的钱。但王祥又不想让继母失望，于是无奈之下，他便来到河边，脱下衣服想用自己的身体来把厚厚的冰暖化，谁料过了一会，厚厚的冰层果然融化了，出现了一个不大的洞，并且从这个小洞里跳出了两条大鲤鱼。王祥顺势抓住了鲤鱼带回家孝敬给了继母。他的这一举动，很快便在十里八乡传开了，人们都称赞王祥是一个人间少有的孝子。当时，更是有诗称颂曰："继母人间有，王祥天下无；至今河水上，留得卧冰模。"

又一次，继母朱氏对王祥说自己很想吃烤黄雀，王祥听了便立即到外面的林子里给继母抓鸟，不过捉鸟可是一个技术活，一般的新手要想在林子里捉到鸟几乎是不可能的，虽然这林子里的鸟雀很多，但它们都非常的机灵。可没想到的是，这时只见数十只黄雀竟然自己钻到了王祥设置的陷阱里，王祥喜出望外，高高兴兴地拿回家给继母做着吃了。左邻右舍看见了，都啧啧称奇，称这是王祥的孝道感动了上天，所以他要做的事情才都能够如愿以偿。可见，王祥对继母的孝心是十分令人感动的。

不过，继母朱氏对王祥却从来都不怎么友善。有一次，王祥在床上睡觉，继母朱氏想要偷偷地去谋害他，可是恰巧碰上王祥去小解了，继母空砍了几下被子才发现床上没有人。等王祥回来后，知道继母朱氏对自己心怀叵测，想要杀害自己，他不但没有恼羞成怒，反而跪在继母朱氏的面前，请求她砍死自己。继母朱氏看到王祥的这一举动，顿时不知所措。而等听到王祥说他之所以心甘情愿地赴死，主要是因为担心继母会因为失手而心有遗憾，也想着继母之所以这样对待自己，主要是因为自己做得还不够好。继母朱氏听后深受感动，一下子醒悟过来，对之前的种种不当之举深感不智，满怀愧疚。

从那以后，继母朱氏对王祥的态度发生了一百八十度的大转弯，她深深地认识到了自己在王祥事情上的自私和计较，经过这一桩桩一件件的事情，王祥对自己的敬爱，也一下子涌上她的心头。就这样，王祥用自己至诚至孝的行为感动了自己的继母朱氏，继母朱氏从此像对待亲生儿子那样对待他。

后来，王祥被举为秀才，任温县令，步入仕途后经过多次升迁，官至大司农，封爵万岁亭侯，深受君主的倚重。而且，在为官期间，他一直秉持明王圣帝施政化民的要领，来教化治理百姓，统御有方，深得爱戴。

对于王祥的孝行，我们很多人都很难望其项背，事实上，他的这种孝行放到今天来说也确实有些不合时宜，尤其是其一味忍受甚至甘愿牺牲自己的行为，更多的是一种愚昧和盲目。有道是，父慈子孝，作为子女要守孝道，而作为父母也要慈爱，尤其是继父母更是需要做好这一点。但是，王祥对于孝道的坚守和韧性是值得我们每一个人学习与效仿的。而且，由此我们也更加确定，子女对父母的孝敬来自天性，是任谁和任何磨难和考验都阻挡不了的。

殷不害冬夜寻母

殷不害（公元 505—589 年），字长卿，陈郡长平（今河南西华）人。起初在南朝梁为廷尉平，后历任镇西府记室参军、东宫通事舍人、东宫步兵校尉、平北府谘议参军、中书郎、廷尉卿。入陈朝官拜司农卿，后任光禄大夫、明威将军、晋陵太守，陈后主即位加任给事中。除了他的政绩可堪称道外，他还是人尽皆知的大孝子。

殷不害出生于官宦之家，祖父和父亲都曾经在朝廷中任职，且身居高位。但是，殷不害的家境却是十分的清贫，祖辈和父辈为官多年也没有给他留下什么家资。可殷不害生性纯孝，从小就十分懂事明理，加上家里世世代代都崇尚节俭，生活从不奢侈浪费，家人都安守清贫，所以殷不害在家庭的影响和熏陶下也很是节俭，住所也特别贫寒，没有什么多余的修饰和装点。可尽管如此，殷不害一家却过得安乐自在，母子、兄弟之间相处得和睦融洽。

而且，殷不害不管是对父母亲还是对五个年幼的弟弟都亲爱照顾有加。母亲蔡氏身体屏弱，常年多病，他则常常侍奉在母亲的床榻前，尽心竭力、无微不至地照顾，家务方面也全盘接手过来，每天都忙得不可开交；五个年幼的弟弟，殷不害也是尽心尽力地照顾，关心备至。其勤劳孝顺之心，被当时的士大夫称道，都赞叹他是一个有德行、有韧劲、将来能够托付大事的人。

后来，殷不害十七岁的时候，朝廷就因为他的清名征召他去做官，让他担任南朝梁的廷尉平。做官后，殷不害在政事上显现出了卓越的才能，不仅处理政事井井有条、恪尽职守，而且修治儒家学术，并以仁爱之心管理百姓，对于当前礼制和法制有或轻或重或是不适宜的情况，殷不害都会直言上书指出，力求能够进行校正。而结果，殷不害的提议也大都被采纳推行，百姓深受其恩，对他都非常敬重和爱戴。也因为殷不害的政绩突出，后来被调任辅佐太子。由于殷不害有众所周知的孝心、孝行，梁简文帝还特地赐给了他母亲很多的生活用品，包括织锦裙襦、毡席、被褥、单夹衣等物，都很齐备。周围的乡邻百姓知道后都十分羡慕殷家能有这样一个好儿子。

承圣元年（公元 552 年），梁元帝萧绎即位，任命殷不害为中书郎，兼任廷尉卿。于是殷不害举家西迁江陵（今湖北荆州）。之后，西魏攻陷江陵，殷不害到别处督战，与母亲蔡氏失去了联系。当时，战火纷乱，又恰值隆冬时节，天气寒冷，冰天雪地，被冻死或是被战祸迫害致死的年老体弱者数不胜数，荒野中的山沟里堆满了来自各处的尸体。这使殷不害心中又惊又怕，他不知道母亲究竟在什么地方，身体状况如何，是生还是死。但是一天不找到母亲，殷不害就不会放弃。为此，他在寒冬时节，强忍着寒风，披星戴月，四处寻找，凡是发现有山沟的地方就毫不犹豫地跳到里面去寻找。就这样，他一个一个地翻过山沟里的尸体，捧扶细看。

后来，殷不害最不愿看到的一幕出现了，他找到了母亲蔡氏的尸体。看着母亲蔡氏的尸体，殷不害伤心欲绝，伏在母亲的尸体上失声痛哭，甚至还哭晕了好几次。过路的人看到他的样子，无不为之落泪，赶过去把他救醒，极力劝他节哀顺变。

后来，在朋友和同僚的帮助下，殷不害把母亲的尸身重新收殓，葬在了江陵。自从母亲蔡氏去世后，殷不害便粗食布衣，面色憔悴，他因思念母亲，常常痛哭而不能自制，身体日渐消瘦，看见他的人都为他感到伤心。虽然之后他的官位又有所升迁，但身心俱疲的殷不害没过多久，就辞官回家了。

虽说殷不害的孝心让我们感佩，但是，逝者已逝，作为子女，我们在伤心过后仍需要收拾哀伤的情绪，重新整装上路，做出一番成绩，从而使父母扬名，父母泉下有知也能感动欣慰。而如果一味地沉浸在痛苦当中，终日消沉，那么最后就会浑浑噩噩、一事无成，使得父母死后也不得安息。不过，在殷不害的一系列反应中，我们不难发现，孝道植根在内心深处，作为管理者若是能够顺从孝义，那么凡事都能够事半功倍，起到更好的效果。

纪孝行章第十

子女之孝，五效三除警示后人

纪孝行章第十：子女之孝，五效三除警示后人

■ 原典

子曰："孝子之事亲也，居①则致②其敬，养则致其乐，病则致其忧，丧则致其哀，祭则致其严③，五者备矣，然后能事亲。事亲者，居上不骄，为下不乱，在丑④不争。居上而骄则亡，为下而乱则刑⑤，在丑而争则兵⑥。三者不除，虽日用三牲⑦之养，犹为不孝也。"

注释

①居：住所，日常家居。

②致：招致，竭尽。

③严：端庄，严肃。

④丑：同类。这里是指同僚，同列。

⑤刑：遭受刑罚、刑戮，处罚。

⑥兵：以兵刃相残杀，战争。

⑦三牲：古代指用于祭祀的牛、羊、猪。后也以鸡、鱼、猪称为三牲。

译文

孔子说："孝子对父母双亲的侍奉，在日常生活中，要能够竭尽全力对父母表示出恭敬；在饮食生活的奉养方面，侍奉时则要保持愉快

的心情，承颜顺志，不能有所拂逆；父母生病的时候，应当带着忧虑的心情去照料；父母去世时，则要尽诚尽礼，擗踊哭泣，竭尽悲哀之情来料理后事；对先人进行祭祀的时候，应当以严肃恭敬之心祭拜。以上说的这五点都做得完备周到了，才能说是尽到了子女对父母侍奉的责任。侍奉父母的孝子，还要做到身居高位而不骄傲蛮横，处于下层而不会为非作乱，在民众中间能够做到和顺相处、不与人争斗。身居高位而又骄傲自大的人肯定会给自己招致灭亡，处于下位的人若是为非作乱必然会遭到刑法的处罚，在民众中间引发争斗则会造成相互残杀的局面。骄、乱、争这三项恶事若是不戒除，纵然对父母天天用牛、羊、猪三牲的肉来尽心奉养父母，也仍旧是个不孝之人。"

解析

《纪孝行章第十》是在讲述孝子侍奉孝敬父母的行为。在这一章节中，作者首先列举了作为子女在奉养父母的过程中应当做到的五个方面。继而又列举出了三种应当摒除的不当行为。如此，子女做到了这"五必须、三不该"，才能称之为真正的孝子，才算对父母把孝道尽到了位。否则，也就是不孝之徒。

具体来说，孔子认为大凡有孝心的人，在平时的日常生活中，子女当谨守恭敬侍奉之心，并无微不至，使父母在冬天的时候保持温暖，在夏天的时候保持凉爽，早上的时候向父母问安，晚上的时候侍奉父母就寝，诸多衣食起居方面的细节都需要多加注意，力求照顾得全面而周到。在饮食生活方面，孝顺的子女则应该做到尽其和乐之心，不管自己在待人接物的过程中受到了什么委屈或不平，在父母面前都要和颜悦色，面带笑容，以避免父母为自己感到担心、忧虑或是任何的不安。在父母生病的时候，子女则应当感同身受，以忧虑急切之情，积极地为父母寻访名医，尽快诊断病症，而后亲自侍奉汤药，早晚服侍在侧，父母的病患一日不去便一日不得心安，片刻不得松懈怠惰。如此，将父母的病患当成是自己的病患，才是子女应有的态度。当父母不幸离世的时候，作为子女则应发自肺腑地伤心欲绝，悲痛哭泣，极尽哀痛之情，但同时也要怀着这份哀痛之情尽最大可能地去安排料理后事，准备一切葬礼所需之物。这样，在生前死后都竭尽全力地侍奉，以至诚至孝之心尽心照料父母，而不是做些"面子工程"，走形式主义。否则，一切的行为就会显得做作，也就失去了真正孝道的意义和作用。

除了上面所说的必须要做到的这五个方面外，孝顺的子女还应当避免"三不该"，有所提倡有所禁止，才能更好地理解孝心、孝行。具体来说，身居高位的子女在待人处事的过程中，尤其是在对待自己的部属时，不能有丝毫的骄傲和蛮横之气。否则就会给自己招致危亡的灾祸，使自己失去拥有的一切。对于处在下位比如是为人部属下的士官阶层，在处理公务的时候要做到恭恭敬敬，而不能有任何悖乱不法的行为。否则自己就难逃律法条令的处罚。还有在群众当众要与人和睦相处，不要争强斗狠，否则就会给自己带来凶险的祸害。这三种行为看似并没有和侍奉父母直接相关的，但是最终的落脚点却落在了侍奉父母上。因为只有保全自己，让自己在自己所处的位置上安然无恙，才能够让侍奉父母成为可能，避免因为自己的过失而殃及父母，使父母受累。

有道是，儿活一百岁，母忧九十九。子女是父母最关心和挂念的人，儿女的一喜一忧都深深地牵动着父母的心怀。所以，这三种危及自身、能够给自己带来灾祸的恶行，作为子女的一定要注意戒除，否则即使是平时在饮食起居上侍奉父母多么地尽心尽力，甚至每天用牛、羊、猪三牲来孝养父母也是无济于事，也不能称之为孝子。所以，子女对父母的孝心，很多时候不在于给父母吃了什么，或是给予了父母多少财物，如何赡养父母，而在于要懂得保重自己的身体，避免父母为自己担心忧虑，甚至受到牵累。否则，身体发肤的受损、身份地位的削弱等都会使父母牵挂忧心。

总之，作为女子在侍奉父母的时候，要走一条敬、乐、忧、哀、严的正道，而另一方面走骄、乱、争的道路就是背道而驰的、有违孝道的逆行。有孝心的子女在行孝的时候都需要注意以上这两大方面。

■ **故事链接**

孔奋节衣缩食来奉母

孔奋，字君鱼，扶风茂陵（今陕西西安西北）人，孔子的第十五世孙，西汉侍中孔霸的曾孙，东汉初年官员。他为官数年，虽然也大都在富庶之地为官，可是家财却没有多大增长，也因此被一些目光短小之徒所讥笑。不过，孔奋年少的时候曾跟随西汉史学大家刘歆（名儒刘向之子）学习《春秋左氏传》，深明儒家义理之要求。或许也正是受到儒家思想的影响，孔奋在很小的时候就明理懂事，对父母的教导也都细心听从，从无违背，极为孝顺，还以孝敬父母而闻名州里。

平时，孔奋对父母亲都敬爱有加，而且一得空的时候就会主动帮助父母干些力所能及的家务活，父母为事犯愁忧虑的时候，他总是能够想方设法地讨父母开心，让父母能够暂时放下烦心事。对于自己的事情，孔奋更是打理得井井有条，很少让父母为他的事情而操心。在父母的眼中，孔奋是一个懂事明理且很会体贴人的孩子，凡事也都能够处理得很好，甚至常常出人意料，给父母带来惊喜。

可好景不长，在孔奋没多大的时候，他的父亲就因故去世了。父亲去世对孔奋来说是极大的打击，每每想起就让他不禁悲从中来、泣不成声。可是，当时孔奋并没有表现得过分忧伤难过，他知道对于父亲的去世，母亲更难过，如果自己太过伤心不仅无济于事，反而会加重母亲的悲痛，给母亲增添负担。所以，为了更好地照顾母亲，孔奋以自己最快的速度收拾了心情，努力克制着自己心中的悲痛，一方面更加周全细致地照顾母亲、安慰劝说母亲不要过度悲伤，一方面则尽心尽力地为父亲料理后事，并着手操持家里的各项事务，尽最大能力减轻母亲的负担。同时，待人接物、为人处事也更加谨慎小心，宽以待人，严于律己，以免惹上什么是非，让母亲为自己分心。

不仅如此，每天早晨起床后，孔奋第一件要做的事情就是向母亲问安，对母亲嘘寒问暖，并根据母亲的情况对这一天的饮食做出相应的安排。而且，每次孔奋到母亲屋里问安的时候，他都久久不肯离去，总是担心有什么考虑不周的，都是直到母亲催促着才肯离开。离开之后，他就会把母亲的情况安排给妻子，或是两人一起布置母亲一天的饮食。若是安排给妻子的话，孔奋总是少不了一番嘱咐，让妻子一定要把饭菜做得香甜可口，母亲有什么忌口的也一定要注意。另外，每天吃完晚饭后，不管有没有其他安排，他都会到母亲的房子坐坐，给母亲说说见闻，谈谈家务，为母亲解解闷，也顺便了解一下母亲的起居和身体状况，听听母亲是否有什么教诲。

后来，孔母和周围邻居谈话聊天的时候，邻居就常在孔母面前夸赞孔奋是个大孝子，孔母听在耳里乐在心里。而且，在孔奋的孝心、孝行影响下，当地人也纷纷以孔奋为榜样，人们之间的关系变得越来越好，他在当地的名望也越来越高。等到孔奋做了地方官后，他仍旧以仁孝之心管理百姓。同时，在任职期间，他廉洁奉公、崇尚节俭，对自己的要求更加严格，对母亲也更加恭敬、周到。他每月领的官俸，都会首先给母亲买好的食品以及各种日常用品，才会把余下的钱用作日常开支。因此，孔奋和自己的妻儿吃的都是粗食淡饭。而对于母亲的饮食，孔奋却从不懈怠，甚至特意寻求美味佳肴拿来让母亲食用。

就这样，孔奋节衣缩食孝养母亲，赢得了众乡里、亲友和同僚的一致称赞和肯定。当时，人们议论道："孝敬侍奉老人，让老人能够吃好穿暖，是很多人的愿望。但是每个人的情况都各有不同，一家人的物质条件又是人人有份，但像孔奋这样，能够从家里其他成员身上把钱节俭出来用在母亲的身上，着实是难能可贵啊！"

此后，孔奋不管身担何职，都备受当时百姓和同僚的认同和肯定。重要的是，在孔奋任职期间，他都能够做到施政清明果断，是非分明，嫉恶扬善。见到人家有美德，就敬爱如同亲人，而对于那些品行不端、为人子女而不孝的人，则会像是对待仇人一样，疾言厉色地进行训斥。他治下的百姓都称他清廉公正、仁孝理政。他也因仁孝而享有盛名。

可见，孝道是尽自己最大的能力来奉养父母，尽心尽力地照顾父母，即使是自己境遇不佳，也不能让父母跟着受罪。也就是说，在饮食生活方面，作为子女要尽量让父母保持愉快的心情，承颜顺志，不能有所拂逆，不能让父母为生活而操劳。而且，我们在立身处世的过程中也要把这份孝义延伸拓展到其他方面，做一个真正有孝念和孝行的人。当然，要做到这一点，我们就要懂得努力奋斗，勤奋致富，不能整日无所事事或是安于现状。现在是一个经济高速发展的社会，就业以及创业的机会有很多，只要我们踏实肯干，就一定能够有一番作为，从而为父母子女提供更好的生活。

陈颜冒死救父

陈颜，金代卫州汲县（今河北省汲县）人。家里祖祖辈辈以种地为生，是一个土生土长的庄稼人，骨子里也有着庄稼人的朴实和善良。

不过，他的父亲陈光在北宋末年被选为武举人，被朝廷调去寿阳当县尉。可是，还没等到父亲去寿阳上任，就赶上金兵南下攻宋，恰巧已经攻占了那里。于是，赴任之事也只得作罢。后来，陈光赶往北宋都城汴梁，却不幸染病，只能暂作修养，谁料又赶上了金兵攻打汴梁。

这时，陈颜的老家卫州汲县也被金兵占领了。陈颜住在家里，听说父亲陈光在汴梁城不幸染病，而金兵又在集结大量兵力攻打汴梁，心中十分担忧父亲的情况。

一天，陈颜终于按捺不住对父亲的担忧和挂念，偷偷地跑出了汲县，打算到汴梁城去探望父亲，也顺便侍奉在父亲身边，即使是发生什么意外，也好以自己最大的能力照顾父亲，以免父亲遭到伤害。因为之前陈颜经常来往于汲县和汴梁城之间，所以对去汴梁城的路是比较熟的。就这样，陈颜在偷偷逃出汲县后，便顺着小道，抄了近路，很快便赶到了汴梁城外的汴河岸边。来到汴河岸边后，陈颜四下观察了一番，看没有什么动静，便在没人走的地方下了汴河——因为沿着汴河走可以一直走到汴梁城。到了汴梁城边上的时候，他就可以从河道口爬进去。这是他一次在无意中发现的进城路径。

进入汴梁城后，陈颜就急急忙忙地寻找父亲陈光之前在信中提到的住处。赶到住所后，陈颜发现父亲的病基本上已经好了，而陈光考虑到目前汴梁城岌岌可危、兵荒马乱的情况就决定连夜把父亲带回汲县老家。虽然那里已经被金兵占领，但总算战事已过，总体上还算是比较平定，况且家乡本来就在汲县，回家也是上上之选。于是，在和父亲商量后，陈颜就带着父亲从爬进城的那条路逃了出去，赶回了汲县。

陈颜带着父亲赶回汲县后，却发现这里的金兵正在布告安民，搜查北宋遗留的散兵游勇，并且发出悬赏告示，说是要分派到各个街道进行举报，若是积极举报会得到一定的奖励，而若是知情不报或刻意隐瞒事实，就会被视为包藏祸心，与乱兵视为同罪。而陈颜家所在街道的一户人家，见陈颜的父亲陈光突然出现在家里，且又不清楚他的来历，于是为了证明自己是"安分守己"的良民，也为了能够骗取赏金，便检举诬陷陈颜的父亲陈光曾勾结宋兵杀害过金兵。于是第二天，陈颜的父亲陈光就被金兵抓了起来。而在审问的过程中，陈光耐不住金兵的严刑拷打，被迫招认，被关进狱中等待被处死。

陈颜探知这一切后，为了救父亲四处奔波，但是怎奈父亲陈光已经认罪，他勾结宋兵杀害金兵的罪名已经坐实。况且，有些金兵长官还抱着宁可错杀也不能错放的想法。但是，陈颜生性纯孝，对父亲一直都敬爱有加，他不可能眼睁睁地看着父亲被处死。最后，陈颜决定把自己父亲平白遭受的冤屈直接向太守官府申诉，并且对当时姓徐的太守提出，若是非要有一人伏法，他愿意代替父亲赴死。紧接着，陈颜就声泪俱下地请求徐太守能够网开一面，看在父亲陈光年事已高的分上，能够允许他代父认罪。

徐太守被陈颜的孝心感动，也听取了他的申诉，采纳了陈光没有赶往寿阳担任县尉，不可能勾结宋兵杀害金兵的事实。只不过陈光对犯罪事实已经供认不讳，他虽身为当地长官，也不能私自释放如此重犯。所幸，正在徐太守摇摆不定之时，金朝大臣来到汲县视察情况。于是，徐太守便把陈颜父亲陈光一事的来龙去脉禀告了金朝大臣，希望他能够给个处理意见。后来，金朝大臣专门传讯了此次检举案件的原告和被告，当堂进行了审讯调查，这才总算弄清了真相，释放了陈颜和父亲陈光两人。

陈颜心系父亲，在父亲危难之时宁可牺牲自己的性命也要保全父亲，这份赤诚的孝心着实令人敬佩和感叹。而陈颜冒死救父的事情，很快便传遍了整个汲县，大家听说后都纷纷称赞陈颜是一个难得的大孝子，不仅在平时能够做到尽心侍奉，在面对重大抉择的时候奉养父亲之心仍旧丝毫不改。

看来，孝道是刀斧加身而不改初衷，是矢志不移的坚守，需要一以贯之。而我们在侍奉父母的时候，也需要做到这点，不管遇到什么困难都要想方设法化解阻力，尽心尽力尽孝，不能打折扣，更不能阳奉阴违，有所违背。否则，就不能说是尽了孝道。所以，作为子女在侍奉父母的时候，一定要懂得谨守孝道，以严肃恭敬之心来对待。另外，不管我们是处于下层还是身居高位，都应当秉持本心。

蔡文姬为父续书

蔡琰，字文姬，又字昭姬，东汉陈留郡圉县（今河南开封杞县）人，三国时期的著名才女，东汉大文学家蔡邕的女儿。而蔡邕是东汉末年的一个名士，他学识渊博，精通经史、音律、天文，又以文章、诗赋、篆刻、书法闻名于世。蔡文姬自幼在父亲的影响和教育下，博学多才，聪明伶俐，小小年纪就已经名动当地，成为人人惊羡的小才女。

一次，蔡文姬听到父母在书房里弹琴时把琴弦弹断了，就走过去说："父亲，是不是琴的第二根弦断了？"父亲以为这只是她胡乱猜中，于是在她走出房门后，又故意弹断了一根琴弦，向她问道："这次你说是哪根琴弦断了呢？"结果蔡文姬回答得仍旧准确无误。这时，父亲才相信自己的女儿确实听力过人、博学广才。

当然，蔡文姬除少有才学、见识不凡之外，对父亲也是十分的孝顺敬爱。平时，父亲写字，她会积极主动地站在一旁帮父亲研磨；父亲看书的时候，她会安安静静地待在一旁，为父亲端茶送水，或是随时准备听从吩咐；父亲看完的书，她会第一时间帮助父亲整理好并放在书架上；父亲生病的时候，她就会亲自为父亲煎熬汤药，且都要等到汤药温度合适的时候才喂给父亲喝，直到父亲病愈，她都会不离左右。同时，父亲的衣食起居，蔡文姬也都尽心尽力地侍奉筹备，凡是自己能够做到的，父亲由于忙碌无暇顾及的，她都会一一为父亲料理妥当。可以说，蔡文姬不仅是父亲的好帮手还是父亲的贴心人。对于父亲的志向和追求，恐怕没有人比蔡文姬更清楚了。也正因为这样，蔡文姬经常受到父亲的夸赞。

后来，蔡文姬的年龄一天比一天大，也到了该出嫁的时候，经人介绍便嫁给了当地有很高声望的世家公子卫仲道。可不幸的是，卫仲道没过多长时间就去世了。丈夫去世后，蔡文姬就又回到了家中，陪伴侍奉在父亲身边。但是自古文人多薄命，东汉末年，在王允除掉国贼董卓之后，蔡邕因为触景生情地叹了口气而惹怒王允，即使事后蔡邕以刺面、砍脚来请罪，但最终仍然被杀，享年六十一岁。父亲的去世，对蔡文姬来说，是个不小的打击，她一向对父亲敬爱钦佩，如今蔡文姬在丧夫之后继而丧父，可谓是悲恸欲绝，痛不可当。

不过，蔡文姬也并没有长时间地沉浸在丧失父亲的悲痛中，她也知道逝者已逝，再悲痛也是无益，真正能够告慰父亲英灵的是要秉承父亲的遗志。父亲蔡邕在临死之前就曾嘱托女儿要整理自己生平的著作，不要让花费多年的苦心研究和心血功亏一篑。于是，在父亲去世后，蔡文姬便一边照顾因父亲亡故而一病不起的母亲，一边整理父亲的遗著。在父亲去世后，母亲的身体每况愈下，没过多久也去世了，家中就只剩下了蔡文姬孤身一人。此时，蔡文姬没有其他事情的打扰，便专心致志地抓紧整理父亲的遗著。因为，在这多灾多难的时代，她不知自己又能够活多久，自己还有多少时间可以用来完成父亲交代的任务。若是自己遭遇意外，辜负了父亲的重托那就是大大的罪过了。

可世事多艰，由于战争的影响，蔡文姬不得不到处流亡，居无定所，整理父亲遗著的事情也暂时搁置。那时候，匈奴兵趁火打劫，到处烧杀抢掠，所到之处鸡犬不宁。有一天，蔡文姬也遭遇了匈奴兵，被他们掳了去。匈奴兵见她有几分姿色便把她献给了匈奴的左贤王。从那以后，蔡文姬就成为了匈奴左贤王的夫人。遭受如此的侮辱，蔡文姬有很多次想要就此了结自己的性命，可是一想到父亲的遗著还没有整理完，就打消了自杀的念头。就这样，蔡文姬在匈奴忍辱住了整整十二年，还为匈奴左贤王生下了一男一女两个孩子。尽管已经过去了这么长的时间，她也差不多习惯了匈奴的生活，在这里有了自己的子女，但是仍旧十分思念自己的故国，经常对月弹琴，用琴声来表达对父亲的思念。

公元216年，曹操经过一系列的征伐，武力统一了北方。这时他突然想到自己老朋友蔡邕的女儿蔡文姬还被困在匈奴，于是便在一次出使匈奴的时候以丰厚的礼物把她换了回来。当然，左贤王是不太乐意的，但实力决定最终的决定权在谁的手里，左贤王不会因为一个女人而得罪曹操。于是，蔡文姬在一种十分矛盾的心理状态下挥别了自己的子女，重新回到了中原故土，写下了著名诗歌《胡笳十八拍》。

一转眼，十二年的时间过去了，蔡文姬这些年远离故土，颠沛流离，身在异乡，无时无刻不在思念着中原的故土和长眠在这里的父亲。来到长安郊外父亲的坟前，蔡文姬痛哭流涕，泣不成声，一时间情难自禁，哭得简直像个孩子。并且，蔡文姬还在父亲的坟前发誓说："我一定遵从父亲的遗愿，整理好您的遗著，不辜负您的重托。"在祭拜了父亲之后，蔡文姬便来到邺城。曹操见蔡文姬一个人孤苦伶仃，无依无靠，出于与其父亲蔡邕的交情便让她嫁给了一个叫作董祀的都尉，还特地赠送给了她一所住宅和两个奴婢。

此后，蔡文姬便在家中悬挂起父亲的画像，稍慰自己对父亲的思念之情。而空余的时候，她就专心整理父亲的遗著。最后，花了整整几年，蔡文姬终于把自己所能够记住的几百卷书都默写了下来，完成了父亲临终前的嘱托，告慰了父亲的在天之灵。而在这一过程中，也成就蔡文姬的一代才名，使她成为了名垂千古的大才女。

　　所以，对父母的孝道不仅体现在生前的尽心侍奉和照顾，很多时候更体现在对父母遗志的继承和完成上，我们如果能够发扬父母在世时的精神，替父母完成他们未竟的事业，那么对父母就是莫大的告慰。当然，这样的前提是父母的遗志或愿望是正确的、合理的，不违背任何社会准则和法律条令的。只有这样，我们才能够尽心去完成。否则，就是愚孝了。

五刑章第十一

刑罚森严，教导世人走上正途

五刑章第十一：刑罚森严，教导世人走上正途

■ 原典

子曰："五刑①之属三千，而罪莫大于不孝。要②君者无上③，非④圣人者无法，非孝者无亲。此大乱之道⑤也。"

注释

①五刑：中国古代的五种刑罚的统称，在不同时期，其具体刑罚有所不同。此词最早见于《尚书·舜典》，五刑的具体名称，见于《尚书·吕刑》的有墨刑（在额头上刺字涂墨）、劓刑（割鼻）、剕刑（砍断双足）、宫刑（阉割生殖器）、大辟（杀头的死刑）；见于《周礼·秋官·大司寇》的有墨刑、劓刑、宫刑、刖刑（砍掉双脚）、死刑。自商周时起就已经实行，后来又略有改变，屡加更定。隋代至清代改为笞（用小荆条伙竹板打臀部）、杖（用大荆条或竹板打臀、腿或背部）、徒（在一定时期内从事劳动活动）、流（遣送至边远地方服劳役）、死。

②要：要挟，威胁。

③无上：眼里没有君王。

④非：非议，诽谤。如《史记·李斯列传》中"入则心非，出则巷议。"

⑤道：根源，缘由。

译文

孔子说："五刑所属的犯罪条例高达三千条之多，其中没有比不孝的罪行更大的了。用武力胁迫君王的人，是眼中根本没有君主的存在；诽谤圣人的人，是眼中根本没有法纪；非议行孝的人，是眼中根本没有父亲双亲的存在。这三种人的行径，都是造成天下大乱的根源所在。"

解析

《五刑章第十一》是在讲述不孝行为的罪行之大，甚至是造成天下大乱的根源所在。由此论点出发，孔子提出自己对于孝道的主张，认为人人都应该尽心竭力地行孝，而所谓的刑罚则是用来辅助实施的教育手段，而非主要途径。不过，作为子女，若是有孝不尊，那么就会遭到严厉的处罚。

具体来说，孔子在开始论述讲解的时候，延续了上一章节孝道之义所涉及的"五必须""三不该"，继而说明若是违法孝道，就会受到刑法的制裁和处罚。开头所讲的五刑之罪，莫大于不孝，其实一方面是在说明刑罚的森严可怕，另一方面就是在指出，若是子女行不孝之举，就会受到五刑中最严厉的惩罚，因为在五刑之罪中，没有什么比不孝更为严重的了。这也正是刑罚惩恶扬善、导人行孝的重要目的，用五刑之法来处罚子女的不孝之举，民众自然心生畏惧，而趋利避害，走上行孝的正确道路。

事实上，在传统的封建社会，人们对孝道的观念是十分强烈的，这与"孝为百善先"的道德观念相对应。而且，早在商朝的时候，就已经有了"刑三百，罪莫大于不孝"的说法，到了西周的时候，人们就已经把不孝列为"八刑"之中的第一刑，且不容赦免。两汉以后，历代的封建王朝都标榜以孝道治理天下，"不孝"则被列入犯罪。唐律甚至明确地规定了"不孝"的内容以及相应的刑罚，使"不孝"之刑变得更为直观。由此可见，历朝历代对不孝的处罚都是十分严厉的，都把孝道放在了十分重要的位置。

接着，孔子以此为出发点说明了造成天下大乱的根源所在。首先，身处下位者，面对君主的命令不但不尽心去做，反而找到君主的弱点以武力威逼胁迫，妄图达到自己的目的，那就是目无君长，没有忠君之心。如果对于制礼作乐的圣人，进行诽谤非议、讥笑鄙视，那就是无法无天。圣人作为道德和行为垂世的典范，进行诋毁诽谤的必然是不肖不孝之人，不管是品德还是行为都是有所欠缺且背离正道的。另外，对身体力行地践行孝道的人有所非议，不恭不敬，那就说明这些人根本没有把父母双亲放在眼里，这些人正是大不孝的人。正因如此，他们对行孝之人才会有所讥笑，认为他们的孝心、孝行都是虚伪造作，他们对父母双亲的尽心侍奉正是在鲜明地反衬自己的不孝行为。所以，作恶者对行善者总是怒目相向，视为仇敌的。

所以，最后孔子得出结论，像这样胁迫君主不忠不孝、诽谤圣人无法无天、诋毁孝子无父无母的行为，就如同禽兽一般，若是任由这样不堪的行为横行于世，那么天下必然会大乱，而造成天下大乱的根源也正是由此导致的。由此，要想天下安定、万民和顺，就需要推行孝道、尊崇圣人、以孝子为榜样，使得天下之人形成以遵行孝道为荣的社会风尚，这样四海之内也就没有什么祸乱了。看来，孔子对孝道是十分重视的，对孝道的剖析也十分深刻，把孝道看成了调控社会秩序的基础性工具。

■ 故事链接

江革背母逃难

江革，字次翁，东汉临淄（山东临淄）人。他的家里很穷，父亲很早的时候就去世了，家里只有他们母子二人相依为命。而江革是个懂事明理的孩子，父亲去世后，江革小小的年纪便担负起了照顾家庭的责任，总是想方设法地侍奉母亲，虽然他还只是一个孩子，但不是那种需要别人照顾而不会体贴父母的人。江革即使自己忍饥挨饿，也总是会尽力让母亲吃饱穿暖。

但更加不幸的是，江革生活在一个乱世。纷乱的时代使得王革母子生活得更加艰难。西汉末年，王莽篡位，新朝的政治腐败，导致战乱不断、盗贼四起，天下动荡不安。当然，临淄这个地方也不例外。在临淄的山里就有很多流窜的土匪，他们到处抢劫杀人，无恶不作，甚至还强抢年轻男子逼着他们入伙，弄得临淄人心惶惶。也因为如此，在临淄经常会看到有不少外出逃难的人群。江革为了免遭祸乱，不至于无法安心侍奉母亲，也干脆离开临淄。考虑到母亲年迈，腿脚不方便，为了尽量减少母亲颠沛流离之苦，也为了赶路的时候能尽可能地快些，便一路背着母亲。

江革背着母亲，一路上长途跋涉，风餐露宿，为了躲避土匪还要尽量避免走大道，常常是选择崎岖不平的小路前行。虽说为了逃难方便，没有带多少行李，母亲年迈，体重也要轻不少，但是走了一段路之后，江革仍旧累得满头大汗。母亲看着江革额头上的汗珠，十分心疼，就对江革说："还是我自己下来走吧。"可是江革却说："只是因为天气太热了，所以才流了些汗。孩儿背着母亲，就好像是回到了小时候一样，能够近距离地感受母亲的温暖，心里高兴得很，一点也不觉得累，反而越走越有力气呢，您就放心吧。"

母亲劝说不过，就仍旧由江革背着。就这样，江革背着年迈的母亲一路上走走停停，母亲口渴了，江革就停下来四处为母亲找水；母亲饿了，江革就竭尽所能地为母亲准备可口的食物，哪怕是向路上的行人乞求也在所不惜。毕竟逃难途中，大家所带的东西都很有限，可江革总是不厌其烦地询问一个又一个过路的行人。而过路的行人了解情况后，都尽力地予以帮助，也对江革的孝心肃然起敬，纷纷称赞他是一个难得的大孝子。要知道，在这么艰难的境况下，即使一个人逃生都不容易，更何况是背负年迈的老母亲呢。但是，江革从来没有将个人的安危当成是首要的大事。

到了天黑的时候，江革会想方设法为母亲找一个栖身之所，使母亲能够安心踏实地休息。虽然是背着母亲，但是长时间的跋涉对年迈的母亲来说也是一种煎熬，所以江革不能像其他逃难的人那样，不顾一切地向前赶路，江革心心念念的不是如何以最快的速度离开临淄到达安全的地方，而是如何在尽量照顾好母亲的情况下带着母亲脱离险境。所以，他不能没日没夜地奔波，否则母亲的身体是万万吃不消的。

不过，如此慢的赶路速度是非常危险的，虽然江革会尽量选择偏僻的小路，但逃难的人实在太多了，土匪又四处横行，任何时候、任何地方都有可能出现突发状况。江革这一路上就遇到好几次土匪的骚扰。但是，江革都以自己的一片至诚孝心感动了他们，他们看江革手里提着药壶，背上背着面如土灰的老太太，累得上气不接下气，瘦削的身体没有多大可以利用的价值。加上江革对土匪说："我自幼便没了父亲，孤苦无依，是母亲含辛茹苦多年一手把我拉扯大的。如果没有母亲，就没有今日的我。现如今，母亲垂垂老矣，我们在这兵荒马乱之年，母亲只能靠我一人奉养，所以还请您高抬贵手，放我们一马，让我能够在有生之年尽心地孝养母亲，以尽我微薄的孝心。而且，您看我们身上也的确没有什么钱财或值钱的东西给您，您就开开恩吧！"那些土匪听后，对江革上上下下打量了一番，认为他确实是一个难得的孝子，一时良心发现，竟就放了他们。而且，这些土匪还为江革母子指明了逃难的正确方向和去处。这样，江革和母亲二人才幸免于难。

后来，江革背着母亲来到了江苏省下邳县，并在这里定居了下来。在举目无亲的异乡，江革他们生活得非常贫苦，为了维持生计，江革只能打着赤脚给人做长工，赚取微薄的报酬，有时入不敷出，还得借钱。但尽管如此，江革也会尽量把最好的东西孝敬给母亲，凡是母亲所需的、想吃的、要穿的，江革都会想尽一切办法去弄，自己则省吃俭用，什么东西都不舍得。有时候，江革怕母亲在家里无聊烦闷，还时不时地用车子拉着母亲到村里村外溜达。在与母亲说话的时候，也总是和颜悦色、温声细语的。周围的人看到都直夸江革是个大孝子。

几年后，母亲去世了。江革在庐墓之间大声地哭泣，就像是找不到父母无依无靠的孩子一般。悲恸欲绝的情绪，常常难以自禁，邻里见了都纷纷劝说他要节哀顺变，不要过度悲伤。而为了表达对母亲的思念，在三年守孝期间，江革搭了一个茅草屋就住在母亲的坟旁，就连晚上睡觉的时候，身上的孝服也不曾除去。后来，三年期满，他仍旧不忍脱去孝服，就连当地的父母官都来派人安排他，还举荐他做了孝廉。但是，江革淡泊名利，屡屡拒绝了做官的机会。没隔多长时间，皇帝又聘他为谏议大夫，但做了不久，就辞官了。

尽管如此，皇帝还是命人年年慰问江革，而且还由朝廷供养他一生。因为江革的孝行堪称天下楷模，皇帝要号召天下人以江革为榜样。可见，一个人的孝行所带来的影响是不可估量的。拥有孝行，就拥有了一张最让人信服和敬佩的名片，这种无形的影响力会为我们创造极大的价值和回报。相反，如果违背孝道，无视父母双亲的存在，那么就会给自己和他人造成极大的危害，轻则使自己背上坏名声，重则如果人人如此就会天下大乱。所以，我们一定要谨守孝道。也正是因为这样，在五刑所属的犯罪条例高达三千条之多，其中没有比不孝的罪行更大的了。当然，我们并不能为了这些回报而做些虚假的面子工程，否则就与孝道的要求背道而驰了。

侯二忤逆不孝遭报应

清代康熙年间，邯郸有位乐善好施、为人慈爱的老人家，她待人友善敬爱，从不与人发生纠纷和矛盾，遇到别人有难处或是需要帮助的时候，大都会伸出援助之手，慷慨解囊。但是令人感到遗憾的是，这位老人家却生了一个刻薄吝啬、缺乏仁爱、没有孝心的儿子。他名叫侯二，虽然是老人家的亲生儿子，但是性情却与老人截然相反，不仅待人一点都不友善敬爱，而且对自己的母亲也是十分刁难，对于老人的乐善好施常常予以阻挠。

老人也常常苦口婆心地劝告儿子，说："乐善好施乃是万行之首，能够将自己的钱财或物资布施给别人，救人于危难之中，将来一定会得到好报。所谓积善之家必有余庆，常行善事就会得善果，相反，为人吝啬、待人严苛就会得到恶报。"可是，侯二完全不把母亲的话放在心里，左耳进右耳出，有时候母亲说的次数多了，他还会不耐烦地朝母亲发脾气，甚至恶语相向。一次，侯二对母亲说道："真是个混账的老太婆，自己家里的钱财和物品还不够用，竟然还拿出去布施，像你这样，今天捐款救济这个穷人，明天又捐物给那个穷人，早晚会把这个家给败光。这是我万万不能接受的，你休想再胡作非为。"

听了侯二的责骂，母亲十分悲痛，但又欲哭无泪，只能在没人的时候暗自抽噎。她知道，对儿子说得再多也是无益，只能白白让自己生气。于是，从那以后，老人家凡是要帮助、救济别人，都会躲着儿子，以防被儿子侯二发现，再生事端。而老人救济别人所用的钱财和物品也都是自己省吃俭用积攒下来的，没有一分钱是儿子孝敬的。同时，在帮助、救济别人的时候，她还会特意嘱咐被救济和帮助的人，千万不要声张，也不要把她布施救人的事说出去。这一切都是为了避免儿子知道，否则家里又会不得安生，儿子侯二肯定不会善罢甘休。这个侯二是个说得出做得到的不孝子，他从来没有真正把母亲放在眼里，母亲稍微惹他不高兴，就会恶语相加，丝毫没有恭敬之意，甚至有时还要伸手向母亲索要钱财和生活用品。所以，老人家对自己的这个儿子是既爱又怕。

一天，老人家一个人独自在家，出门的时候正巧看到一个衣衫褴褛、面黄肌瘦的乞丐来到自家门前乞讨，她想着儿子也不在家，于是便大着胆子在家中米仓拿了二升大米给了那乞丐。乞丐看到一粒粒的大米，心中万分感激，连连道谢，要知道当时能够讨到一升大米是多么地不易，一般的乞丐是从来不敢奢望的，他们大多数时候也就是讨些剩菜剩饭，偶尔会有一些散碎物品。可是不料这时，侯二正巧从外面赶了回来，看到了母亲赠人大米的一幕，他立即火冒三丈，当场把米从乞丐的手中夺了回来，还对母亲大发雷霆，甚至还当众冲上前去打了母亲一下，口中还大声叫嚷着要把这个"败家"的老太婆赶出去。

侯二的妻子在房中听到丈夫在和母亲争吵，就急急忙忙跑出去，声泪俱下地向侯二劝谏，说他不该在大庭广众之下如此辱骂母亲，要他赶快回家给母亲道歉，谁知道，侯二听了更是气不打一处来，对妻子也破口大骂，仍然坚持不让母亲进家门。周围的邻居这时也闻声赶来，看着侯二大不孝的行为都纷纷对他指指点点，也为老太太受到这样的待遇而抱不平。可侯二是一个屡教不改且厚颜无耻的人，他对别人的讥笑和指责完全不放在眼里，仍旧不改恶习，不知收敛，肆无忌惮。就这样，母亲被侯二无情地赶出了家门。所幸，老人家平时待人和善友爱，经常帮助和救济别人，所以周围的邻居纷纷请老人到自己家中居住。

老人离开家以后，没有了老人的帮助，侯二一家很快便走上了下坡路，入不敷出。而侯二平时就是一个游手好闲的人，只是祖上留了一些积蓄，加上老人掌家有道，才一直保持不错的家境。但如今，在侯二的操持下，整个家很快就破败了。而且，侯二的身上竟然长了很多毒疮，吃了很多的药也不见好转。慢慢地，侯二身上的毒疮脓血淋淋，痛痒交加，一会痛彻心扉，一会又痒入骨髓，每天都备受煎熬，每天晚上都翻来覆去，几乎睡不着觉。

如此日复一日，侯二日渐消瘦，且病势继续恶化，不见减轻。这样过了大概一个月的时间，侯二就全身溃烂而死。侯二死后不到头七，他的儿子就做了一个奇怪的梦。在梦中，侯二对自己的儿子说道："我因为生前对母亲忤逆不孝，罪大恶极，如今经阎罗王审判，罚我下辈子投胎变成猪。我犯了如此大逆不道的罪行，现在已经后悔莫及，希望你今后能够好好侍奉你的母亲，更要把祖母接回来好生孝敬，千万不要重蹈我的覆辙。"侯二说完以后，痛哭流涕。儿子梦醒以后，验证了父亲侯二的话，深感孝道的重要性，之后想方设法找到了父亲投胎的那只小猪，买回家好生饲养，并且在对待祖母和母亲上都尽心尽力，孝顺有加。

可见，孝道是天地之义理，每个人都应当小心遵守，不能逾越，否则不孝之举必然会招致大家的唾弃，使得自己成为一个不受欢迎的人。若是在古时，无视父母双亲甚至要被处以重刑。所以，在侍奉父母的过程中，我们要谨慎自己的言行，约束自己的欲望，严格要求自己，力求使父母得到最好的照顾。要知道，没有人会喜欢一个不守孝道的人，而且这种不受欢迎会体现在我们生活以及工作中的方方面面，由此也就产生了一系列的恶性循环，让我们事事受阻。这也就是人们口中的"报应"了。

泮周岱深夜登山取水

泮周岱，清朝安徽省泾县人，早年以做竹器为生，是当地一个有名的孝子，他的孝心、孝行受到人们的一致肯定和赞同，年轻后生也都纷纷以他为榜样来要求自己，修养己身。由此，泮周岱在当时颇受人们的敬重和爱戴。虽然，他的家中并不富裕，甚至可以说是十分的贫苦，但是他的影响力和号召力在当地却是无人能比的。

据说，在他年轻的时候，泮周岱和父亲在同一个竹器厂里做工。在手工业工厂里干活，其实说轻巧也轻巧，说繁重也繁重，它有不同的分工，有的活比较轻松，但薪酬也不高，有的活比较繁重，但相应的报酬也高出来很多。于是，当时很多人都是奔着繁重的活来做，毕竟劳苦人民是不惜力气的，他们想的只是多赚一些钱，让家里的生活能够好一些。当然，泮周岱和他的父亲也不例外，他们也是优先选择重活来干。不过，泮周岱对父亲非常孝顺，他和父亲在一起做工，常常是自己领较为繁重的活，给父亲领的却是较为轻松一点的活。或者，两人都领繁重的活，但是很大程度上，泮周岱都会代替父亲完成那些繁重的活，以免父亲受累。所以，很多时候，泮周岱是一个人干两个人的活。但是，他从来没有抱怨过一声，也从未说过一声累。不仅如此，在其他的方方面面，泮周岱都为父亲考虑周全，对父亲照顾得无微不至。

一次，父亲在干活的时候不小心扎伤了脚，但是工厂主还非要工人们都去上工，即使是干些轻巧的活也没有关系。无可奈何，为了生计，他们只能听从工厂主的安排。不过父亲的脚受伤了，行动不便，来回工厂很不方便，也不利于脚伤的恢复。于是，泮周岱就每天背着父亲往返于工厂和家之间，而他们家距离工厂足足有十来里路，每天繁重的工作已经让泮周岱精疲力尽了，他还要背着父亲往返工厂，其辛苦劳累程度也就可想而知了。不过，直到父亲的脚伤痊愈，泮周岱都没有叫过一声累、一声苦。

后来，父亲的年纪一天比一天大，工厂里很多的活都干不利索了，工厂主是个精明的生意人，他不允许有人在自己的厂子里"磨洋工"，于是就把父亲辞退了，只留下泮周岱在厂子里做工，来维持全家的生活。于是，他比之前更加拼命地干活，想要尽量多挣些钱，好让自己的父母能够安度晚年。工厂主为了能够让工作人多干些活，每隔几天就会拿出一些酒肉来犒劳工人。而泮周岱每次拿到酒肉后都不舍得吃，而是把自己应得的那份全都带回家给父母吃。开始的时候，其他工友不了解情况，都说他为人太小气，不合群，不够朋友。当知道泮周岱是带回去孝敬自己的父母时，才对他竖起了大拇指，有时，其他工友的一些酒肉也会分给他些。工厂主听说了泮周岱的孝行，也拍着他的肩膀对他说："真不愧是个大孝子啊，你以后好好干，我肯定不会亏待你的。"

就这样，泮周岱每天加倍干活，省吃俭用地侍奉父母，家里有什么吃的也都是先让父母吃，吃剩下的自己才吃。遇到家中粮食紧缺的时候，他不管用什么办法也会保证父母的口粮，即使自己吃糠咽菜也无所谓。但是，天不遂人愿，母亲在贫苦的生活中还是病倒了。母亲病倒后，他的任务就更重了，每天除了要做工外，还要细心体贴地照顾母亲。值得一提的是，不管在工厂里有多累，他回到家后都会眉开眼笑地侍奉母亲，端茶送药、嘘寒问暖。睡觉的时候，他也总是陪伴在母亲床榻旁边，以便母亲有事的时候及时照顾。

一天晚上，母亲口渴，想起了年轻时曾住在山下，山间有股泉水，每每饮用都非常清凉解渴，可怎奈如今卧病在床行动不便，可能再也没有机会喝到那清凉的泉水了。这时，只听见母亲自言自语道："小时候，家就住在山脚下，那山间泉水真的是特别特别地清凉解渴，现在真想再喝一口那山间的泉水啊。"侍奉在一旁的泮周岱听到母亲的这一番言语，便入了心，随即起身前往母亲年轻时住的地方，为母亲寻找那清凉解渴的泉水。就这样，泮周岱披星戴月地上路了，山高夜黑，石路本就难以行走，如今更是步履维艰。但是泮周岱没有打退堂鼓，他奋力攀爬，想着一定要让母亲在天亮之前喝到泉水。

功夫不负有心人，在泮周岱苦苦寻找下，终于找到了隐藏在山间的那股清泉。看着汩汩流动的泉水，泮周岱高兴极了，立马拿出水袋满满地盛了一袋，恨不得一下子就飞到母亲的床榻前，让母亲立刻就喝到这清凉解渴的泉水。于是，泮周岱带着寻来的泉水全力往回赶，总算在天刚刚亮的时候回到了家。这一去一回就是四十多里路，而且大多是山路。

没有片刻的停留，丝毫的停歇，泮周岱一回到家就赶快跑到母亲的床榻前，把寻来的泉水递到母亲的嘴边。母亲喝着清凉解渴的泉水，一种久违的感觉涌上心头，仿佛又回到了年轻的时候，而看着眼前的泮周岱，心中也是满满的快乐和欣慰。这水中不仅有自己儿时的回忆，更有儿子泮周岱赤诚的孝心。所以此刻母亲的心中无比甜蜜、幸福、欣慰、骄傲。

两三天之后，泮周岱深夜爬山为母亲寻找泉水的事情不胫而走，一下子，十里八乡的人都知道了。人们都直夸泮周岱是个至诚至孝之人，如此地孝敬侍奉父母可谓是做到了极致。后来，泮周岱还因为此事受到了清政府的专门表彰。时至今日，泮周岱为母亲深夜登山取泉水的事情，仍然广为流传，人人称颂。

可见，对父母尽心竭力地尽孝总能让人心生感佩，也能让父母心中无比欣慰。至诚至孝的人就是人们尽孝的典范。尽孝需小心遵守，尽心尽力，否则就会受人唾弃，遭受骂名。所谓"好事不出门，坏事传千里"，对于不守孝道来说更是如此。所以，我们在实际生活中，一定要学习泮周岱的这种孝道精神，极力满足父母的需求。但前提是，父母的需求要合情合理，而不是胡搅蛮缠、无理取闹。否则，一味地遵从也并非明智之举，而只能是愚孝。

广要道章第十二

倡导孝义，礼敬他人以定社会

广要道章第十二：倡导孝义，礼敬他人以定社会

━━ 原典

子曰："教民亲爱①，莫善于孝。教民礼顺②，莫善于悌③。移风易俗④，莫善于乐⑤。安上⑥治民，莫善于礼。礼者，敬而已矣。故敬其父则子悦，敬其兄则弟悦，敬其君则臣悦。敬一人⑦而千万人⑧悦，所敬者寡，而悦者众，此之谓要道⑨也。"

注释

①亲爱：亲近友爱。

②礼顺：礼貌和顺。

③悌：敬爱兄长。如贾谊《新书·道歉术》中有"弟敬爱兄谓之悌"。

④移风易俗：转移旧的风气，变化旧的习俗，使其更为美好，即改善社会风气与习俗。出自《荀子·乐论》中"乐者，圣人之所乐也，而可以善民心，其感人深，其移风易俗，故先王导之以礼乐而民和睦。"

⑤乐：音乐。

⑥安上：使身居上位的人能够安于其位。

⑦一人：指所有的父、兄、君王。

⑧千万人：指所有的子、弟、臣民。

⑨要道：至关重要的道理，即孝道。

译文

孔子说:"教导人们互相亲近友爱,没有什么比倡导孝道更好的了。教导人们礼貌和顺,没有什么比敬爱兄长更好的了。想要转移风气、改变习俗,没有什么比用音乐来教化更好的了。使处在上位的君主能够安心、人民能够驯服,没有什么比使用礼节更好的了。所谓的礼节,也就是敬爱而已。所以尊敬他人的父亲,其儿子就会喜悦;尊敬他人的兄长,其弟弟就会愉快;尊敬他人的君主,其臣下就会高兴。敬爱一个人,就能够使千万人变得高兴愉快。所尊敬的对象虽然只是少数,但是为此而感到喜悦的人却有千千万万,这就是礼敬以及孝道的意义所在啊。"

解析

《广要道章节第十二》是孔子针对《孝经》首章所讲的"要道"二字的含义,作进一步的具体说明。在这里,孔子认为,如果身处上位者,即君主帝王能够推行先王的"要道",也就是孝道,那么人们就会相亲相爱,天下就能够和乐安顺。

具体来说,孔子认为治理国家的大道应当以教化引导为先,而若要对民众进行教化引导,则需要从孝、悌、乐、礼四个方面来开展。这是政通人和、天下大治最有效的保障,与其他政策或手段相比,也具有极大的优势。可以说,这是一种柔风细雨的引导教育方式,注重从精神世界和思想认识处着眼,是一种攻心的策略。

其中,教导人们相亲相爱、和睦相处,没有争斗和纠纷,推广孝道、把仁孝之心广泛播种在人民大众的心中是最有成效及最便捷的方法。教导人们恭敬和顺,形成兄友弟恭、敬重长上的社会风气,推行对兄弟姐妹以及朋友的友爱是最有效的方法。若是想移风易俗,改变旧有的社会风气,形成良好的、积极向上的社会风气,那么用音乐来教化则是最好的。毕竟，音乐是精神文明的享受，它能够对人们的思想认识产生潜移默化的影响，从而在不知不觉中去除旧的认识，形成新的认识，最终树立新的风尚。

同时，对于身居高位的君主帝王来说，治国平天下的大道还要注重对礼的推崇和重视。而这种礼节说到底其实也就是敬爱。对此，孔子又具体举例说明了这种敬爱的表现。如果我们能够敬爱他人的父亲，那么他的子女就会感到高兴喜悦，心中感到欣慰，并对自己的父亲更加敬爱；如果我们能够敬重他人的兄长，那么作为弟弟的就会心生愉快，胸中生发出一种无以名状的荣誉感，从而使弟弟对兄长更加敬爱，兄长对弟弟也就多有照拂，如此就会兄友弟恭、相亲相爱。接着，孔子又把这种尊敬的礼仪进行了延伸，说到，如果我们能够敬重他国的君主帝王——这个作为国家意志的代表——那么他们国家的臣子还有百姓都会非常高兴。因为，敬重他们国家的君主，也就是尊重他们的国家，就是对这个国家所有臣子和百姓的一种肯定，这时，一种集体荣誉感就会在每个臣民的心中萌生。所以，要想让礼节敬重发挥出最大的作用，其实也非常的简单，那就是对这个集体的代表或是处在上位的人礼遇有加，那么其下的所有人都会高兴和顺，心悦诚服。这也是敬一人而使千万人悦的根本原因。无疑，这比我们做到对每一个人都保持礼节更为简洁和容易。

由此，孔子认为，使天下的父、兄、长官、君王得到敬重而高兴喜悦，那么他们的子女、弟弟、部属、天下大多数的人都会感到同样受到尊敬而心生愉悦，从而达到事半功倍的效果。所以，孝、悌、乐、礼四项，都是教化民众的最好方法。而就这四种方法而言，其实也有轻有重、有主有次，其中孝道是这四项教化措施的根本，在孝道的基础上继而表现出悌、乐、礼，礼则是孝、悌、乐表现出来的形式。待人以礼，根本上是孝道的"要道"在发挥作用。所以，孔子最终的落脚点仍然是注重要以孝道治理天下，唯有如此才能够做到悌、乐、礼这三项教化措施。

故事链接

<h2 style="text-align:center">庾衮不畏疫照顾兄长</h2>

庾衮，西晋末年生人，是一个很重情义、有孝悌之义的小男孩。在家中，虽然他的年龄是最小的，上面有好几个哥哥，但是他从不任性胡为、骄纵放肆，在大家眼中，他是一个明理懂事的孩子，对父亲恭敬亲爱有加，对几个哥哥也都非常的敬爱，不管是父亲还是哥哥，有什么需要他帮忙的，他都会非常高兴地予以帮助，即使父亲和哥哥没有吩咐，他看到了也会尽自己最大能力替父亲和哥哥分担。

一年，庾衮所在的村庄爆发了瘟疫，有很多乡邻百姓都感染上了瘟疫，相继丧命，人们对这场突如其来的瘟疫充满了恐惧，很多人为了避难都逃离了村庄，甚至丝毫不顾家中的老幼。有时候，在生死的考验面前，人就会暴露出自私狭隘的一面。就这样，村里没有感染疫病的青壮年大都离开了，剩下的都是一些老幼妇孺，他们或是已经感染了疫病，或是没有足够的体力和精神长途跋涉。于是，他们就只能与病魔抗争，希望能够在这场瘟疫中侥幸存活下来。庾衮一家在这次瘟疫中也没能幸免，庾衮的两个哥哥都已经感染上了瘟疫，且都相继丧命。为了逃避瘟疫，他们一家也和大家一样要赶快逃离这"不祥之地"。

不过，庾衮的一个哥哥庾毗又感染上了瘟疫，父母只能带着庾衮和其他的兄弟离开这里，而忍痛将庾毗留在村里。虽说庾毗刚染上瘟疫没有多长时间，可是这种瘟疫的传染性是很强的，家人不可能冒着全家被感染的风险把他带在身边。否则，只能让更多的家人受害。但这时，庾衮却坚决不同意，说自己要坚持陪伴在哥哥庾毗的身边，他不愿意就此抛弃自己的兄长，虽然他也知道父母的决定是没错的。

庾衮对父母说："我的哥哥还在生着重病，我不能就这样离开这里。而且，我天生抵抗病害的能力就比较强，瘟疫爆发这些时日以来我也安然无恙，所以我定能够在这场疫病中保全自己。你们赶快离开，让我留下来照顾哥哥吧！"父母和家中的长辈们见庾衮态度如此坚决，怎么劝说都无济于事，只好让他留了下来。就这样，庾衮没日没夜地陪伴在哥哥的身边，亲自给哥哥端水、熬药、喂药，每件事情都无微不至、细致体贴。哥哥庾毗有什么病痛或是不舒服，庾衮就非常伤心悲痛，恨不得把疫病转移到自己的身上。而在照顾哥哥庾毗之余，庾衮还要时不时地到几位因疫病去世的兄长灵柩前，进行祭拜和看望。每每想到是因为疫病夺取了亲人的生命，使得一家人骨肉分离、家破人亡，就痛哭流涕，非常伤心、难过。

就是在这样异常艰苦困难的环境下，庾衮每天都强忍着悲痛，日夜不懈地服侍哥哥，且随着日子一天天地过去，庾衮对哥哥的照顾和关心没有丝毫的减少，始终保持一颗初心。在庾衮的悉心照顾下，哥哥庾毗的疫病奇迹般地开始好转了。实际上，这是因为庾衮细心体贴的照顾和关爱，使得哥哥庾毗身体抵抗力有所提升，抵抗力提升了，身体自然也就有所好转了。眼看着哥哥的病情日渐好转，庾衮的心里有说不出的高兴，每天照顾哥哥更加尽心尽责了。他想着如此发展下去，哥哥的疫病很快就会完全好了。

后来，流行的疫病终于停止了，在外避难的人听说疫病平息的消息后也都陆陆续续地返回了家乡。庾衮的父母回到家，看到儿子庾衮和庾毗都还活着，高兴地说道："你们都还活着，我们不是做梦吧？我们在外面每天都惦记你们，没有一夜能安心入睡的。"庾衮看到返回家乡的父母以及各位长辈，也非常高兴，急急忙忙地回答说："我们都还活着呢，我答应过爹娘，要把哥哥照顾好，等到疫病结束后再一家人团聚。如今，我真的做到了。"父母听着庾衮的话，流下了欣慰的泪水。

一天，返回家乡的乡亲向庾衮问道，"你小小年纪，照顾染上疫病的哥哥，难道不害怕吗？"庾衮说："疫病虽然可怕，但是比起骨肉兄弟之情，也就不那么可怕了。况且，我自幼受到哥哥的照顾和疼爱，现如今哥哥病重，又怎么能够抛下哥哥跟随父母离开呢！更何况，我身体状况还行，照顾哥哥也没有什么问题。另外，把哥哥孤身一人放在家里，父母其实也是于心不忍的，只是为了照顾其他几个兄弟才不得已为之。我留下来也是为了完成父母的心愿，让父母亲能够安心一些罢了。"乡亲们听了庾衮的话都纷纷竖起了大拇指，称赞庾衮是个懂事明理的大孝子，对父母和兄长都有一颗坚定不移的赤诚之心。

庾衮不避疫病照顾兄长的事情，随着口耳相传，被越来越多的人知晓，人们都对这个小小年纪却表现出如此坚韧无畏的孝悌之心的孩子十分赞赏和钦佩。当然，事实也确如庾衮说的那样，面对疫病，他小小年纪不可能不怕，看着周围的乡亲和亲人一个接一个地因为疫病而倒下，他内心是恐惧的。可是为了照顾疼爱自己多年的哥哥，为了让父母能够走得安心，他只能强忍着内心的恐惧，尽心尽力地照顾哥哥，与病魔作顽强的斗争。所幸，天佑良善，庾衮最终帮助哥哥战胜了疫病，一家人又重新团聚在一起。

庾衮的孝悌之义是值得称赞的，他对待自己的兄长一片赤诚，毫无私心，最终不仅保全了自己和兄长，也为自己赢得了一片赞赏和肯定之声。而且，他在照顾自己兄长的时候也不忘其他的人，真正做到了以己度人，把别人的兄长当成自己的兄长。如此，也使得更多的人被他影响，纷纷效仿。不过，如果相同的事情放到今天来看，并不值得照搬过来效仿。毕竟，在疾病和瘟疫面前，我们要讲究科学的方法和措施，而并不能感情用事，逞一时之强。所以，孝义在不同的情况、不同的时代环境下有不同的解释。我们要理性地看待和汲取，而不能"拿来主义"。

孙棘兄弟争相受罚

孙棘，南朝宋孝武帝大明年间彭城（今江苏徐州）人。孝武帝是宋太祖的第三子，为人机警果断，但经常酗酒，少有真正清醒的时候。大明五年（公元461年），朝廷征召壮丁到边疆戍边，孙棘的弟弟孙萨也在应召之列。然而，孙萨却没有按期到达。要知道，朝廷征召壮丁是强制性行为，所有的壮丁都必须在规定的日期到达约定地点，否则就会被视为抗命不遵，要遭到严厉的处罚，最轻也要被判入狱。

孙棘是家中的老大，在其三岁的时候，父亲就去世了，他和弟弟是在母亲的辛苦教养下长大的。但是，在这个家里，却是孙棘一肩挑起了家庭的大部分重担，他是一个懂事明理的孩子，自从父亲去世后，就主动肩负起了照顾母亲和弟弟的责任。平时，总是积极主动地帮着母亲做各种各样的家务活，还无微不至地照顾年幼的弟弟。后来，随着年龄的增长，母亲身体一日不如一日，时有疾病，慢慢地，所有的家务活和家庭的重担也就自然而然地都落到了孙棘的身上。当然，孙棘对此没有丝毫的抱怨，从来没有说过一声累，叫过一声苦，无论做什么事情都尽心尽力、无怨无悔。对于生病的母亲，他不管多忙多累都亲自端水送药，饮食起居都照顾得无微不至，但凡是母亲有什么需要，他都会竭尽全力地去满足，即使是自己省吃俭用也会尽力提供给母亲最好的一切；对于弟弟，他也是尽心尽责，而且不仅要承担起兄长的责任，处处疼爱关心，还要尽到父亲的职责，不管是衣食起居还是日常教育，孙棘都一样不落地做到尽可能最好。周围的邻里乡亲，看在眼里，都称他是一个世间难得的至诚至孝之人。尤其是对弟弟，所谓长兄如父，孙棘确确实实做到了这一点。

因为，孙棘知道弟弟是母亲最放心不下的，自己能够更好地照顾弟弟其实也就能够让母亲少操些心，更加心安一些。否则，母亲本就疲惫多病的身体就会越发地憔悴。所以，孙棘总是竭尽所能地照顾弟弟。所幸，弟弟孙萨也比较体谅哥哥的辛苦，平时也比较听话，很少给哥哥添麻烦。母亲去世后，他们也一直兄友弟恭地相伴相守在一起。而这次弟弟孙萨没有按期应召入伍，要被下狱问罪，孙棘一时间心急如焚。

这时，孙棘的妻子徐氏也对丈夫说："你如今作为一家之长，怎么能够眼睁睁地看着自己的亲弟弟遭受这样的罪责呢？况且母亲去世的时候，叮嘱你要好好地照顾弟弟。现在，弟弟还没有娶妻成家，却要入狱受刑，将来可怎么是好。所以，你还得赶紧想个办法啊！"孙棘听了妻子的话，更加着急了，对于弟弟的疼爱，恐怕没有一个人会比他多。急切之下，孙棘来到郡衙，向当时的太守张岱表明，此次弟弟之所以会延误日期，完全是因为他这个哥哥，所以愿意代替弟弟接受处罚。

而孙萨知道这一情况后，也急急忙忙地赶到郡衙，现在他还没有定罪，还是自由身，孙萨对太守说道："这件事情全是我一个人的过错。我们兄弟自幼相亲相爱，父亲去世得早，是兄长以一己之力担起家庭重责，整个家也都完全依赖于兄长，怎么能够让哥哥为我顶罪呢？更何况这次是我自己犯法，和哥哥无关，理当自己依法受戮，这也是合情合理的事情。"

就这样，孙氏两兄弟都自揽罪责，相持不下。太守张岱听了他们两人的话、看到他们为罪责争相受罚的举动备受感动，但是仍旧心有疑虑，担心他二人可能会说谎话，于是便把他们二人分别关押在两处，分别进行审讯。结果，他们兄弟二人的态度还是如之前一样坚决。

可太守张岱还是不太放心，于是他决定再对他们进行一番测试。这时，太守张岱派人告诉孙棘：“已经同意你代替弟弟入狱受刑了，你从现在开始就在这大牢里老老实实地待着吧！”孙棘听到差役如此说，心中的一块大石总算落了地，心中十分欢喜地对差役说：“这就对了，多谢大人明察。”差役点头示意了一下就走了，但他并没有真的离开，而是奉命躲在暗处观察孙棘听到这一消息后的状态。

接着，太守张岱又差人对孙棘的弟弟孙萨说道：“已经准许你的请求，释放了你的哥哥孙棘，此事由你一人单独承担罪责，入狱受刑。现在你就老老实实地在大牢里待着吧！”孙萨听差役这样说，心中也如释重负，非常高兴，总算没有连累到哥哥，否则自己即使无罪释放也会终日心神不宁，心有愧疚。于是，孙萨对差役说道：“这就对了，多谢大人明察。”差役事后也躲在暗处仔细观察孙萨知道这个消息后的一举一动。

一会儿，两个差役都来到了太守张岱这里，向太守大人汇报了他们两个人听到对方被释放这一消息后都是如释重负的反应。这时，太守张岱已经确信，他们二人确实所言无虚，他们都心甘情愿地为对方受罚，这份兄弟之情真是令人感佩。于是，太守张岱就把这一情况和他们的孝悌之行上奏给了朝廷。皇帝下诏说：“孙棘和孙萨都是普普通通的百姓，但有如此高尚的德行，兄弟之间竟有这种难得的情义，所以应当宽大处理。”接到皇帝的诏令后，太守张岱有感于他们的孝悌之义，就赦免了他们。

可见，兄弟之间的孝悌之义也是孝道的一种，而且是十分重要的组成部分。只有做到兄友弟恭，家庭才能和睦，社会才能安定，也只有这样，我们对待父母尽心尽力，对待兄弟全心全意，对待他人多有爱护，才能够为自己赢得生前身后名。所以，我们在与兄弟相处的时候一定要做到兄友弟恭，彼此扶持、彼此帮助，尽量少让父母为我们操心，多让父母宽慰，而不能互相攀比，彼此争夺。

举案齐眉和相敬如宾

梁鸿，字伯鸾，扶风平陵（今陕西咸阳市北）人。出身于官宦之家，父亲梁让在王莽政权中被封赐修远伯的高爵，封地在北地郡（今甘肃庆阳西北县马岭镇）内，可谓是荣耀无比，一时间高朋满座，宾客盈门。但是，好景不长，王莽政权很快就灭亡了，梁让修远伯的爵位没有多长时间就随着王莽政权的坍塌而荡然无存。这时，天下也陷入大乱，梁让于是带着妻儿老小举家逃难，可在逃难途中却不幸因病去世。

父亲梁让去世后，昔日的荣耀和权势也烟消云散，盛极一时的官僚家庭就此衰落，一蹶不振，逐渐沦为了一个彻头彻尾的赤贫户。所谓，树倒猢狲散，往日经常来往于梁家的僚属、宾客以及那些平日里极尽奉承的仆人，都随着梁让的去世而远走高飞，各自寻求出路，对梁家的孤儿寡母视若无睹、不管不问。更加令人心寒的是，梁鸿的母亲在举步维艰的状况下，出于自身的考虑，竟然抛下了年幼的梁鸿和还没有来得及掩埋的丈夫尸体，偷偷离开了梁家。这时候，年幼的梁鸿孤身一人，陷入了举目无亲的艰难状况，最后只得含泪用一张破草席匆匆埋葬了父亲。但尽管如此，梁鸿对父亲和母亲也没有丝毫的抱怨，而是感叹世事多变，人心无常。同时，巨大的变故也让幼小的梁鸿见识到了世态的炎凉，深深刺痛了梁鸿的心，他成年之后淡泊名利的性格以及对礼节的崇尚都与这有着极大的关系。

后来，为了生存，梁鸿来到当时的政治、经济、文化中心京师长安，希望能够有自己的一席之地。可是无依无靠的梁鸿，面对偌大的长安城，心中是没有什么底气的。所幸，父亲梁让在京师还有几个过硬的朋友故吏，他们无意间得知梁鸿的境况，便伸出了援助之手，不仅解决了他在京师的衣食问题，还通过关系把他送进了太学学习。进入太学后，梁鸿好学不倦，勤奋刻苦，博览群书，以至经书、诸子、诗赋无所不通，但不愿钻研章句之学，太学里纨绔子弟的嘲讽和欺凌也让梁鸿看透了荣华富贵的虚幻性，萌生了逃避尘世的念头。不过，自始至终，梁鸿都没有因为家庭以及世事变迁而改变自己善良、仁孝、待人以礼的品性。不管遭遇多大的困难和磨砺，他都能够始终如一，也因此备受人们的敬爱。

当时，也正是因为梁鸿博学而有品节，世家大族中有不少女子倾心于他，可梁鸿全然不为所动。而同县孟家有一个其貌不扬的女儿，已经三十了还没有出嫁，并宣称"嫁人就要嫁给像梁鸿那样的贤能之人"。梁鸿听后，认为她是一个懂自己的人，便娶了孟女。孟女刚嫁给梁鸿的时候，穿戴不免漂亮了些，梁鸿见状一连七天都没有理她。孟女询问其中原因，梁鸿回答说："我想娶一个能够和我志同道合的人，本来以为你明白我的心志，能够同我一起隐居深山，平静淡泊，现在看你这打扮，离我的愿望太远了。"孟女虽然其貌不扬，但是眼界心胸却非常人可比，对梁鸿的心志和品性也早有了解，所以对丈夫梁鸿说道："其实，我也只是想要试探一下你的志向罢了，隐居之服我早已准备好了。"说完，孟女便卸下了身上的首饰钗环，将长发挽起，换上了粗布衣服，操持起家务来。梁鸿看到后大喜，说道："这才是我的妻子啊！"并为她取名孟光，字德曜。

此后，夫妻二人便到霸陵山中隐居，平日里过着耕织、读书、弹琴的自在生活，虽然简朴单调，但是非常快乐悠闲。而且，梁鸿和妻子孟光，共同劳动，相亲相爱，可谓是相敬如宾。据说，梁鸿每天从外面劳作回来，回到家里，孟光都会把饭菜准备齐全，摆在托盘里，双手捧着，举得和自己的眉毛那样高，然后毕恭毕敬地送到梁鸿的面前。而这时梁鸿也会小心翼翼、高高兴兴地接过来。然后，夫妻二人就开心愉快地吃起来。

可是好景不长，梁鸿因事到洛阳，登上芒山，看着京城的满目繁华想到了普通百姓的辛劳愁苦，不禁悲从中来，便作了《五噫歌》来抒发心怀，可是这首《五噫歌》广为传播，不料触怒了皇帝，与汉章帝号称的盛世背道而驰，于是遭到下令搜捕。梁鸿为了躲避搜捕只好改名换姓，带着妻子离开了霸陵山中，先到齐鲁，后又到吴郡（今江苏苏州）。来到吴郡后，梁鸿便在一个富人皋伯通家当佣工。尽管此时梁鸿夫妻沦为奴仆，住在下房，但他们夫妻二人的礼节却依然一丝不乱，丝毫没有怠慢。每到吃饭的时候，妻子孟光依旧是把要吃的食物盛放在木制的托盘里，举到眉毛的高度，低着头，端端正正、恭恭敬敬地捧到梁鸿的面前。无意中，梁鸿夫妻以礼相待的场景，被主人皋伯通偶然撞见，识破了梁鸿的身份，有感于他们夫妇的品行和气节，便把他们夫妻二人当宾客供养了起来。从此以后，梁鸿便在皋伯通的庇护下闭门著书，直到病逝。

就这样，"举案齐眉"的佳话，一直流传到今天。而后世很多人形容妻子贤惠，或是教育女子要恪守做妻子的本分，也常常使用举案齐眉来形容和描述。现在人们常说，每个成功男人的背后都有一位默默无闻的女人，其实也是很有道理的。而除了"举案齐眉"外，我们还不得不提到"相敬如宾"的由来。

据说，在春秋时期，晋国国君晋文公有一次派大夫胥臣出使鲁国。胥臣在返程途中，经过冀地。这时，胥臣无意间看到路旁有一块田地，一位青年正在这块田地里除草劳作。不一会儿，那青年的妻子给他送饭来了。只见那青年的妻子将饭碗高高地举过头顶，十分恭敬地送给丈夫食用，而丈夫也以十分恭敬的礼节来回敬妻子。胥臣看到这一幕，情不自禁地感叹道："夫妻之间能够做到如此的敬重恩爱，他们真可谓是有德行的人啊！假如我们能够有这样身怀德行的人来治理晋国，那么国家肯定会兴旺而永不衰绝。"说完之后，胥臣走下车，亲切地与那两位年轻人交谈。

看来，治理一个国家，刑罚并不是让百姓臣民臣服顺从的最佳工具，只有把"孝、悌、礼、乐"推行开来，才更容易让大众接受，才能够真正地实现垂拱而治。相反，如果人与人之间不懂得相敬相爱，没有孝、悌礼仪，那么所有的矛盾和纠纷就会蜂拥而起，天下也将大乱。所以，孝悌之义是十分重要的，时至今日也是如此，遵守孝悌之义，家庭才能和睦，社会才能和谐。否则，人与人之间的关系就会变得十分混乱不堪。

施行教化，民安令行国家昌

广至德章第十三：施行教化，民安令行国家昌

■ 原典

子曰："君子之教以孝也，非家至①而日见②之也。教以孝，所以敬天下之为人父者也。教以悌，所以敬天下之为人兄者也。教以臣③，所以敬天下之为人君者也。《诗》云：'恺悌君子，民之父母。④'非至德，其孰⑤能顺民如此其大者乎！"

注释

①家至：到家，即挨家挨户地进行教导。

②日见：每天都见面，指当面教导人行孝。

③臣：指为臣之道，作为臣子的操守。

④恺悌君子，民之父母：恺悌，和乐安详，平易近人。选自《诗经·大雅·泂酌》，诗主要是写"君"要使"民"归附于自己。据说，原诗是西周召康公为劝勉成王而作。

⑤孰：谁，哪个。如《师说》中有"人非生而知之者，孰能无惑"。

译文

孔子说："君子用孝道来教化人民，并不需要挨家挨户地去推行，也不用天天当面去教导。君子教导人要行孝道，是要使天下作为父亲的人都能够受到尊敬。教导人们作为弟弟的道义，是要使天下所有做

兄长的都能够受到尊敬。教导人们作为臣子的操守，是要使天下所有当君王的都能够受到尊敬。《诗经·大雅·酌》里有说：'和乐安详的君子，平易近人，是人民的父母，'如果没有具备至高无上的道德，又有谁能够教化人民，使人民顺从归服，创造出这样伟大的事业呢！"

解析

《广至德章第十三》是在讲述"至德"的重要意义和作用，旨在使执政的人能够掌握"至德"的实行。在上一章节，孔子讲述了"致敬"的"要道"。这里则是进一步讲述"至德"的"要道"，说明孝道为至高无上的道德的理由和原因。而最后的落脚点则是，君主若是能够做到以身作则，推行孝道，为天下臣民做出表率，那么天下所有的父、兄、君主都能够受到尊敬和侍奉，国家也就和平安定了。

具体来说，孔子首先讲述了孝道推行的简易和高效，相对于其他政策法令或是政策法规的推行，孝道的推广具有天然的优势和特点，那就是执掌政治的君子，在教导人们孝道的时候，不需要亲自到他人的家里亲自推行，也不需要天天去当面教导，如此地费心费力。事实上，若是要把孝道推及广大民众，在社会上形成行孝、尊孝的风尚，只需要从以下这几个方面着手即可。

首先，把孝道推行开来要以孝来教导民众，使天下所有为人子女的都懂得侍奉父母之道，从而让天下父母都能够安享奉养和尊敬。所以，推行孝道要从子女入手，身为人子，怀有孝心，那么天下的父亲也就没有什么可以担忧的了。同时，以兄友弟爱之道来教育和引导民众，能够让天下所有身为人弟的都能知晓事兄之道，那么天下所有的兄长也就能够受到敬重和关爱。还有，以为臣之道来教化和引导臣子百姓，使天下所有的臣民都知道作为臣子的操守和本分，以及应该如何侍奉君王，那么君王自然而然也就能够享受到君王的荣耀和尊崇，使自己的身份和地位得以彰显。由此看来，推行孝道即是成就广大民众的"至德"，让天下的父、兄、君主都能够得到孝道推行后的实惠。

最后，孔子又引用《诗经·大雅·酌》中的诗句，意思是说，如果一个执政的君子，他的态度和平快乐，他的德行平易近人，那么他就会成为像民众父母一样的人，所有的民众都会对他倾心顺服，尽忠尽孝，从而达到一种安定和顺的社会状态。所以，身具孝道、孝心，成就自己至高无上的道德和行为，那么凭借着这德行就能够成就一番大事业。相反，如果不具备孝心大德，那么这种顺其民心的伟大事业也就不可能完成。

■ 故事链接

鲍出追贼救母

鲍出，字文才，一说交才，司隶京兆新丰（陕西省西安市临潼区）人，东汉时期人。据说，鲍出生得高大壮实，同龄的人都比不上他。不过高大壮实的身材没有让他逞强使勇，相反，他待人友善亲和，为人豪爽仗义，从来不恃强凌弱。而且，鲍出是一个非常孝顺的人，他和母亲及四个兄弟一起居住，对母亲细致体贴，照顾得无微不至；兄弟之间也是兄友弟恭，相亲相爱。就这样，他们一家人的日子过得和和美美，其乐融融。

有一天，鲍出他们兄弟五个人都有事外出了，只有母亲一个人在家操持家务，准备饭食。可谁料，不幸的事情却发生了，一伙强盗突然来到他们家，不仅把家里抢劫一空，各种物件也都弄得乱七八糟。实际上，鲍出一家的境况在当地是比较穷困的，家中根本没有什么值钱贵重之物，这伙强盗来到他们家没有捞到什么油水，自然不会罢休，结果在临走的时候不仅把屋里打砸了一番，还把鲍出的母亲用绳子绑住了双手，给掳了去。

鲍出的两个兄弟先回到了家里，看到家里乱七八糟、物件散乱一地，就急忙寻找母亲，可是寻遍家里的每个房间也没见到母亲的身影。经过一番打听，才知道今天村里来了一伙强盗，很多乡里的家里都遭到了强盗的洗劫。听到这个消息，看着家里被打砸的痕迹，这一切也就不言而喻了。而对于他们兄弟来说，家里的物件被打坏摔烂还不是最重要的，现如今母亲也不见了踪影，这该如何是好呢？那伙强盗穷凶极恶，为非作歹，横行乡里已经有些时日了，没有人能奈何得了他们，若是他们兄弟追赶上去，恐怕也只是多个人被抢去罢了。他们兄弟心急如焚、不知所措，只能等到鲍出回来后大家再一起商量。

不一会儿，鲍出就从外面回来了，看着家里凌乱的状况，就向几个兄弟询问到底发生了什么事情。而在了解了大致情况后，鲍出怒发冲冠，尤其是对于母亲的安危，他非常担心和焦虑，来不及多想，他就拿着一把菜刀不顾一切地冲出家门，朝着强盗逃窜的方向追去。鲍出天生魁伟，虽然少与人争斗，从不仗势欺人，但是高大壮实的块头还是很有"战斗力"的。在追赶强盗的路上，他砍杀了十来个仍在为祸乡里的贼人。最后，经过一路的紧追，鲍出终于赶上了那伙强掠母亲的强盗。

鲍出看到母亲和邻家一个妇人的双手被紧紧捆绑在一起，顿时怒火中烧，二话不说就冲上前去。那伙强盗虽然人多，但是看着这个壮实高大的大个子还是不免发怵，而且还听来回报的同伙说自己的好几个兄弟都被他砍杀了，于是心中更是忌惮。为了不节外生枝，强盗就放了他母亲，以尽快逃离这是非之地。实际上，强盗这次强掠这个村庄的收获真是不算多，还因此折损了几个兄弟，都感到得不偿失，所以没有与鲍出过多争执。当然，鲍出不会仅仅救出自己的母亲那么简单，邻里的妇人都是乡里乡亲，自然也不能熟视无睹，于是对那强盗说道："那个是我的嫂子，也赶快放了，否则我定然不会善罢甘休！"既然已经放了一个，也不在乎多放一个，就这样，强盗就乖乖地把那妇人也放了。鲍出搀扶着母亲带着邻家妇人一起回到了村里，村里人看着他们三人安然无恙地回来，对鲍出更加敬重。此后，鲍出名声大振，成为了村里的大英雄，而他为了母亲深入虎穴的孝心也得到人们的一致赞赏和肯定。

后来，战乱纷起，为了躲避战乱，鲍出就带着母亲到相对安定的南阳。直到战事消弭，天下太平的时候，他们才又回到了家乡。而在这一路上，鲍出和母亲可谓是经历了千辛万苦，他们一路上跋山涉水，风餐露宿，很是艰难。尤其是母亲年迈，行动多有不便，鲍出为了避免母亲劳累，也为了能够尽量走得快些，好让母亲回到老家好好休息，于是便就地取材，自己编织了一个大笼子，母亲则坐在笼子里，鲍出就这样一路背着大笼子回到了家乡。而且，回到家后，鲍出对母亲的照料更加细致体贴，无微不至，天冷的时候就及时给母亲添加衣服；天热的时候就给母亲扇扇子；母亲偶尔生病了，他就想尽一切办法给母亲找药治疗，期间端水喂药无所疏漏，而且常常是日夜不休，寸步不离地守护在母亲的床榻前；母亲平时有什么烦心事，鲍出就会静静地陪母亲聊天，并且想方设法地逗母亲开心。总之，不管是什么事情，鲍出都以母亲的需要为先，凡是按照母亲的意愿和喜好行事，从来不敢疏忽怠慢。

就这样，在鲍出的悉心照顾下，母亲在一百多岁的时候才离世。一百多岁对于古时候人来说绝对是高寿，即使是放在今天也仍旧如此。母亲去世的时候，鲍出已经七十多岁了，可是仍旧尽心尽力、无一不备地为母亲料理后事，在当时赢得了一片赞誉。

可以说，鲍出的孝行真正做到了子女应当为父母所做的一切。也正是因为这样，时至今日，人们依然为鲍出的孝心、孝行所感动，他孝养母亲的故事依旧受到人们的推崇和赞扬。所以，如果我们人人都能够尽心尽力地侍奉父母，不惧艰难险阻，那么天下也就大安了。不过，若是在今天再遭遇这样的情况，我们不仅需要斗勇，更要斗智。如此，我们才能够避免父母或是家人受到伤害。

谢蔺敬父不先食

谢蔺，字希如，陈郡阳夏人。生性仁孝懂事，从小便深得父母喜爱，也因其孝顺仁爱而备受邻里赞誉。很多同龄的小孩甚至远比他大的，都不如他做得好。周围的邻里都纷纷称赞谢蔺是一个值得让人尊敬的孩子。

有一天，谢蔺的父亲外出办事，一直到很晚的时候还没有回家。这时，谢蔺的母亲早已按照平时的时间做好了晚饭，可是父亲一直没有回来，所以也就一直等着。因为，平时家里人都是一块吃饭的。谢蔺看父亲这么晚了还不回家，心中十分着急，他倒不是为了想要快些吃饭，而是担心父亲这么晚还不回来，会不会出现什么意外，有没有什么突发状况。于是，谢蔺就主动跑了出去，在家门口的大石头旁向父亲回家的方向张望。可是，一个又一个的行人过去了，由原先熙熙攘攘的人群变成稀稀拉拉的几个，到最后甚至一个人影都没有了，天也都已经黑了，还是不见父亲的身影。谢蔺着实有些着急了。但是，他仍旧站在门口等待。

一会儿，母亲从房间里出来，对谢蔺说："天都已经这么晚了，或许你父亲是有什么事情耽搁了，我们就进屋吃吧！等你父亲回来了，我再给他热一下。"可是，谢蔺坚持要等父亲回来一块吃饭，并且对母亲说道："父亲平时基本上都是按时回家，我们也都是一起吃饭的，今天怎么能够因为父亲有事回来得晚了就不等他了呢！我一定要等父亲回来，母亲您还是先去吃吧！"母亲看谢蔺如此坚持，也就没有再说什么，也陪着他一起等着。就这样，一直到深夜，谢蔺的父亲总算是回来了。在门口远远看着父亲的身影，谢蔺就一路小跑迎了上去，并且牵着父亲的手赶紧往家赶，谢蔺的母亲则赶快回家把早已凉了的饭菜重新热了热。就这样，全家人一起吃了晚饭，父亲听母亲说谢蔺坚持要等的事情，也非常的欣慰，抚摸着谢蔺的头，直夸他是个好孩子。

后来，这件事被舅舅知道了，也是十分欣慰地感叹道："这个孩子小小年纪在家里就能够做到像曾子一样孝顺，将来长大出去做官也一定能够像蔺相如一样干出一番大事业，为国尽忠，光宗耀祖。"于是便为他取了"谢蔺"这个名字，希望他今后能够把这份仁孝之心用来报效国家，也能够像蔺相如一样有才干。为此，舅舅又取"希如"作为他的字。可见，谢蔺的舅舅和父母都对他寄予了厚望。

接着，谢蔺的父母又为他专门请了先生，来教他读书写字。谢蔺本是一个聪明伶俐的孩子，记忆力也很好。很多时候，先生教给他一遍经史典籍，或是他自己看过一遍的书，他都能够全部记住，且毫无差错。一次，先生拿刚讲过的问题来考他，谁料他都能够流利地答出，没有一道题目是能够难住他的。先生对这个过目不忘、一学即会的孩子非常欣赏，满是期待，直夸他将来定然前途无量。当然，谢蔺不仅才干非常，在求学的过程中对先生也是非常的恭敬，从来不会因为自己的才干而骄傲自大，对先生有所冒犯。也正因如此，谢蔺在先生和周围乡邻的眼中更加受欢迎了。

后来，谢蔺的父亲因身患重病去世，谢蔺悲恸欲绝。虽然，在父亲生病的这段时间，谢蔺每天都陪伴在床榻前，尽心竭力地侍奉，无论是端水送药还是照顾父亲的衣食起居，都尽自己最大努力去照顾。而且，凡是父亲所需的、想要的，谢蔺即使费再大的力气也要为父亲弄到。这一切，母亲都看在眼里，称就连自己没有想到、忽略的地方，他都事无巨细地想到了。但是，父亲去世的那一刻，谢蔺还是不能自己地泪流满面、悲痛难当。而且，父亲去世后，他常常会想起与父亲在一起的点点滴滴，经常躲在角落里暗自抽噎，生怕被母亲看到，以免惹起母亲悲伤的情绪。每每在母亲面前，他都会尽力控制自己的情绪，生怕惹母亲悲伤。

可是，这又哪里能够瞒得住母亲呢！母亲清楚谢蔺是一个很有孝心的孩子，在人前的沉稳镇定也都是为了安慰自己。母亲时不时地就会看到他躲在角落里哭泣。于是，有一天，母亲把谢蔺叫到父亲的灵位前，对他说道："你父亲虽然不在了，但是你还要继续生活，不能总是沉浸在悲痛中。即使你哭得昏天黑地，你父亲也不可能起死回生。你现在要做的是，好好读书学习，将来有一番作为，光宗耀祖，如此才对得起你死去的父亲。"

谢蔺听了母亲的话，很受触动，觉得母亲说得很有道理，于是便把对父亲的思念压在了心底，然后没日没夜地勤奋学习。如此，夜伴孤灯、手不释卷，谢蔺的学业一天比一天精进，在乡邻之间也越来越有声望。所谓酒香不怕巷子深，当时的吏部尚书萧子显非常赏识他的孝行和才干，便举荐他做了地方官员。谢蔺做官以后，仁爱之心始终未变，一直以仁孝之德来处理政务、治理百姓。由此，赢得了百姓和上司的一致肯定和赞同。

可见，孝道是一个很广泛的含义，它不仅要求我们在父母在世的时候尽心侍奉，还要能够遵从父母的遗愿，做出一番事业，让父母安息。只有这样，才能够无愧于天地，才能够受到世人的尊敬和认同。否则，带给自己的就只有唾弃和鄙视。所以，孝道对于我们每一个人都是十分重要的，都要切实遵行和实践。

杜环孝养常母

杜环，字叔循，明朝初期官吏，祖上是庐陵人，后来他父亲杜一元到江东做官，一家人也就在金陵（今南京）定居了。杜环为人十分仁孝，也很讲究信用，在待人处事方面常常能够做到急人之所急，救人于危难之中。也因此在同僚和周围的朋友中享有盛誉。

话说，杜环的父亲杜一元有一位十分要好的朋友，是兵部主事常允恭。不幸的是，常允恭年纪轻轻地就去世了，常家的家境也随着他的去世而逐渐衰败，一日不如一日。而且，随着父亲杜一元的离世，杜家和常家的联系也越来越少，甚至可以说几乎断绝了，他们的后辈都很少知道他们的父辈曾有这样的一层关系。再说常家，随着常家的破败，常允恭的母亲张氏因此变得无所依靠，已经六十多岁的高龄了，如今却落得个孤苦伶仃无人奉养的艰难处境。而且，以前认识或是和常允恭交好的朋友，也大都因为常允恭的去世对老人家不屑一顾，稍微好一些的也就是施与一些钱财，然后打发到其他人那里。

其中，有个认识常允恭的人觉得老人家着实可怜，于是就告诉她："现在的安庆太守谭敬先，曾是您儿子允恭的好朋友，您前去投奔，想必他念着与您儿子旧日的交情，肯定会照管及侍奉您的。"听那人如此说，张氏便用先前朋友施与的钱财坐船到了安庆，并找到了谭敬先的住处。见到谭敬先后，张氏表明了自己的身份，说明了自己是想要来投奔他。可是谭敬先只是给予了张氏一些钱财，还是婉言拒绝了。此时，老人家张氏的处境可以说是十分窘迫的，虽然暂时有他人施与的一些钱财，但是年老体弱的她终究不能靠这些微薄的钱财安度余生。于是，她想到儿子允恭曾在金陵做过官，说不定那里会有一些好朋友，也许会有点希望，就决定动身前往金陵。

可是到了金陵之后，不是遭到了同样的婉言拒绝，就是根本找不到或是见不到人。张氏仍旧一筹莫展。事实上，对于一个已经去世的官场朋友的老母亲，是没有人愿意接见和侍奉的。当时的官场，很多所谓的"朋友"甚至是至交也只不过是相互利用罢了，一旦失势，就会躲得远远的，又哪里会理会什么朋友的老母亲呢！这时，张氏突然想到儿子允恭生前还有一个好友名叫杜一元，于是就四处打听他家在什么地方。可几经打听后才知道，原来杜一元也已经去世很长时间了。所幸的是，他的儿子杜环还在，而且素有美名，为人仁义。就这样，张氏按照打听来的地址找到了杜环的家。

张氏来到杜环家的时候，杜环正在陪着客人，听门房来报，说是有位衣衫褴褛的老妇前来求见，自称是常允恭的母亲。杜环一听，想起这是父亲生前好友之母，于是拜别客人立即前去迎接。杜环看见衣衫褴褛的张氏，赶快搀扶着老人进入了前厅。常母张氏把这几年的遭遇讲给了杜环听，杜环听后也不禁流下了眼泪，深感老人命运多舛，并连连向老人行了晚辈之礼。之后，他又叫妻子及众人来前厅向老人行礼，并对大家说道："老人是先父故交之母，今日落难来此，以后就住在我们这里，大家一定要像对待我的祖母一样来对待她，千万不能怠慢。"说罢，妻子就赶快找了一身干净衣服给老人换上，还端上来一碗热腾腾的粥。常母看到杜环如此礼待自己，一时间泪流满面。

情绪平复之后，常母便向杜环打听平常与儿子允恭较为亲近的朋友以及自己小儿子常伯章的下落。杜环知道常允恭当初那些堪称亲近的朋友几乎都亡故了，对于他儿子常伯章的下落也不清楚，但还是安慰老人道："您放心，先在这里安心住下，我这就派人去四处打探，一有消息就告诉您。即便最后找不到他们，您也不要担心，我这里您想住多久就住多久。我们即使再穷困也会尽心地侍奉您老人家。何况，我父亲与常老伯之前亲如兄弟，现在您老人家贫困窘迫，投奔到我家来，这也是两位老人在天之灵把您老人家引导来的啊！希望老人家千万不要见外。"

　　就这样，常母在杜环的盛情招待和挽留下住在了杜家。而杜环对待常母就像是自己的母亲一样，细致体贴、无微不至，专门为常母打扫出了一间干净的房间，还买来了新的布料，命妻子替她缝制新的衣服被褥。不仅如此，平时的衣食起居，杜环也照顾得尽心尽力，每天都会把可口的饭食亲自送到常母的房间。常母生病的时候，杜环和妻子会亲自熬药，并且衣不解带、寸步不离地侍奉在床边。杜欢还在家里一再强调，千万不要因为她处境困难就有所轻视、怠慢，凡事都要顺从她的心意。

　　如此日复一日，常母的身体状况也日渐好转，变得比以前硬朗了许多，只是对自己的小儿子常伯章很是挂念，时常询问找人的结果。可尽管杜环每年都会派人四处打听，但是这么多年过去了，仍旧一无所获。转眼间，十年都已经过去了，常母也已经七十多岁了，杜环做了太常寺的赞礼郎。这年春天，杜环奉皇帝诏令来到会稽举行祭祀。在返回的途中，路过嘉兴，恰巧遇到了常母张氏的小儿子常伯章，杜环顿时喜不自胜，忙把常母这几年的境况告诉了他，并对他说道："你母亲现在病得很重，嘴里一直念叨着你的名字，你千万要早点回去，让你母亲能够安心。"常伯章含糊其词地答应了，但是直到半年以后才来到杜环家。

　　可是常伯章看到病床上的母亲，事事都需要人照顾侍奉，竟然匆匆看了一眼便找了个借口溜走了，从此就再也没有回来过。杜环虽然气愤常伯章的不孝之举，但是也没有多余的抱怨，只是更加尽心地照顾侍奉常母，以免常母知道这件事情后伤心难过。而在常母面前，杜环则是极力地替常伯章掩饰，说之所以这么长时间也没有来，怕是因为事务繁忙耽搁了。尽管杜欢如此说，常母的心里也已经很清楚到底是怎么回事了。从那以后，常母常常在没人的时候暗自垂泪，病情也越发严重了。在临死之际，常母对杜环说道："你比我的亲儿子还要孝顺，这些年真是拖累你了。"说完之后便撒手而去了。

对于常母的去世，杜环悲痛难当。实际上，这些年来，杜环早已把常母当成自己的母亲，凡事都尽心尽力，所以对于常母的离去，杜环十分伤心。事后，杜环隆重地为常母料理了后事，并且每年到常母忌日的时候，他都会亲自为她扫坟、烧香、祭拜，从无间断。

由此可见，杜环的这种孝义是十分伟大的。他真正做到了把别人的父母当成自己的父母，且做到了尽心尽力地侍奉。在越发功利和世俗的今天，我们更需要发扬孝义中乐于助人的精神，做到"老吾老以及人之老"，关爱身边的每一位老人。实际上，关爱别人也就是关爱自己，关爱别人的父母也就是关爱自己的父母。

广扬名章第十四

推孝作忠，立德立功扬声名

广扬名章第十四：推孝作忠，立德立功扬声名

▅ 原典

子曰："君子之事亲孝，故忠可移于君。事兄悌，故顺可移于长①。居家理，故治②可移于官③。是以行成于内④，而名立于后世矣。"

注释

①长：年纪大，辈分高。这里主要是指长官和前辈。

②治：治理。如《论积贮疏》中"民不足而可治者，自下及今未之尝闻"。

③官：为官，做官。这里主要是指处理政务。

④形成于内：行，指孝悌的德行。成，有所成就。内，指家里。在家里能够把孝悌的德行表现得很完善。

译文

孔子说："君子侍奉父母亲能够尽孝道，所以能够把对父母亲的孝心移作对国君的忠心。事奉兄长能够尽到孝悌敬爱之道，所以能够把对兄长的这种孝悌之心移作对上司或前辈的敬顺。在家里凡事都能够治理得很好，所以能够把理家的道理转移用来做官处理政务、治理国家。所以说，在家里就能够把孝悌的德行表现得很完善的人，其名声也就能够在后世显扬。"

解析

《广扬名章第十四》是在讲述推孝作忠、"扬名于后世"的道理。孔子认为，若是君子能够做到以孝心来尽心地侍奉父母双亲，并且把孝心转移到忠君思想上，那么就能够使声名在后世得到显扬。这与孔子在第一章所说的"立身行道，扬名于后世"有异曲同工之妙。

具体来说，孔子在上面讲述了"要道""至德"的孝道之理后，又在这一章节对扬名后世进行了具体的剖析和解读。而且，在孝道的基础上，孔子提出了具有开创意义的"推孝作忠"的概念和理论，认为孝道和忠君思想有极大的相通之处。事实上，也确实如此，孝道与忠君思想都需要有敬爱和顺从之意，忠君思想就是孝道思想的延伸和拓展，在孝道的基础上发展而来。

也正是因为如此，孔子才会推断，若是儿女们能够对父母双亲尽孝道，必然会怀有至诚的敬爱之意，而如果能够把这份至诚的敬爱之意化作对国君的忠诚和敬服，那么就必然能成为忠君之士。而且，作为弟弟如果能够尽到敬爱兄长的孝悌之道，那么必然怀有恭敬顺服之心，若是能够将这份恭敬顺服之心转移到对上司、长官或是前辈身上，那么必然能够做到上下和睦，下属或小辈做到恭敬顺服，一片祥和。

继而，孔子把孝悌之道结合在一起，认为，如果人们能够在家里就将各种事处理安置得妥妥当当、有条不紊，那么他治事的本事一定可圈可点，若是把这份处理及操持家业的能力用于治理国家、打理政务上，那么必然能够把国家治理得井井有条，从而天下安定。由此结合前面的孝悌之道，孔子得出结论，若是能够在家里就把孝悌之道做得尽善尽美、非常完善，使作为父亲的能够安享子女的孝道，作为兄长的能够放心接受弟弟的敬爱和顺服，那么身为国君或是长官也都能够安享孝子推孝作忠的德行。如此一来，不仅能够使自身做官的声誉显耀于一时，也能够自己的言行举止都能够符合忠孝之义的要求，使忠孝之名流传后世，使父母兄弟之名在后世显扬。所以，孝悌之道是最根本的。不管是治家还是治国，不管是待人还是处事，凭借孝悌之道都能够直至善境。

故事链接

忠臣孝子岳飞

岳飞（1103—1142 年），字鹏举，宋相州汤阴县（今河南安阳汤阴县）人，南宋抗金名将，中国历史上著名的军事家、战略家，位列南宋中兴四将之一。从 1128 年到 1141 年为止的十余年时间里，岳飞率领岳家军同金军进行了大小数百次战斗，所向披靡，令金军闻风丧胆。而岳飞之所以能够取得如此大的功绩，除了他自身的英勇善谋以及岳家军强大的战斗能力之外，还源自岳飞的忠孝之心。

岳飞生活在一个命运多舛的时代，在他还没有满月的时候，就发生了黄河决堤的事情，肆虐的洪水无情地吞没了他的家乡。岳飞和母亲姚氏被父亲放进大缸中随水漂流才得以幸免。可是父亲却为了保全他们母子而被水淹没，不知所踪、生死不明。后来，岳飞和母亲姚氏躲在大缸中，漂流到了内黄县境内，被人发现，才被救上了岸。由于家乡的一切都在洪水侵袭下化为泡影，所以上岸后，岳飞和母亲就在内黄县一个叫作麒麟村的地方住了下来。

就这样，岳飞和母亲姚氏在身无分文、举目无亲的状况下于麒麟村定居。可尽管如此，母亲仍旧带着年幼的岳飞艰难地开展生活，而且竭力地为岳飞提供尽可能多的生活物资，而平时的教育工作则由母亲姚氏亲自来承担。母亲姚氏以给人干零活为生，闲暇的时候就教育岳飞识字读书。没有钱买书，母亲就到邻居家或是做工的大户家去借；没有钱买写字用的纸笔，母亲就用小木棍来代替，让岳飞在沙土地上练习。岳飞也十分懂事，生活起居以及学习用具等从来不与别人攀比，而且学习很用心和努力，对母亲的难处也十分体谅，他清楚母亲现在支撑这个家已经很不容易了，作为儿子，他只想着能够尽量减轻母亲的负担，并尽自己所能帮助母亲干些家务。所以，一有时间，岳飞就会去打柴，而除了帮助母亲做家务外，他余下的时候就是勤奋刻苦地学习，积极地锻炼身体。所谓读书使人聪明，锻炼使人强壮。岳飞在母亲和老恩师周侗的精心教育下，学识和武功都有了大幅度的提升，文武兼备。

岳飞的老恩师周侗能文能武，在当地很有名气。一次偶然的机会，他发现岳飞非常聪明勤奋，便主动把岳飞收在门下，悉心教授他刀、枪、弓、马、箭术和言诗立说。就这样，没过多长时间，岳飞就把老师周侗身上的功夫都学到了手，并且还进行了自己的再加工，使老师周侗的功夫得到了发扬。而对于老师周侗的教诲，岳飞也一直心怀感激，满心敬爱。故而，在恩师周侗死后，他每年都会按时为恩师祭扫坟墓，始终不敢忘恩师对自己的教诲栽培之恩。

岳飞家里的主要收入来源就是母亲每日辛辛苦苦的劳作所得，收入很是微薄，也就是能够勉强维持温饱，其他的生活物品或是什么装饰品，他们根本不敢奢望，而岳飞为了能够出人头地、光宗耀祖，让母亲不必再这么辛苦，他对自己的学识和武艺修炼从来都没有松懈过。他总是挤出各种零散的时间来读书和苦练武艺，以便有朝一日能够报效国家，回报母亲。而且，在母亲的精心教诲下，岳飞也非常的有气节和操守，从来不会因为家庭贫苦就贪慕钱财，做出一些有违正道的事情。

一次，有个太湖匪徒，改名换姓进行一番伪装后带着大量的金银财宝来拉拢岳飞，岳飞发觉这些钱财其实是要收买他去做些不义之事，于是果断予以拒绝，并把那人所赠送的金银财宝原封不动地退还了回去。母亲姚氏知道这件事情之后，对儿子岳飞的行为表示了肯定和赞同，并随即把岳飞拉到祖宗牌位前，摆上香案，让他脱下上衣，磨好墨，准备好一切之后，母亲便用笔在岳飞的背上写上了"精忠报国"四个大字。为了避免时间一长墨迹会被磨掉，于是母亲又用针沿着笔写的痕迹将这四个字刺在了岳飞的背上。对于母亲的教诲，岳飞始终不敢忘记，他一直以来都把"精忠报国"视为此生的最高信仰。

后来，岳飞应召入伍，开始了自己的军旅生涯。在经过一段时间历练后，岳飞便迅速崭露头角，成为一名令敌丧胆的领军将领。而成为备受敬重的将军之后，岳飞对母亲的态度更加恭敬，有了一定的经济收入，也总是竭尽全力地贴补家用，减轻母亲肩上的重担，而且对母亲的照顾也更加细致入微。但是，作为领兵打仗之人，岳飞唯一的遗憾就是不能够时时陪伴在母亲的左右，尽心侍奉。

一次，岳飞跟金兵作战的时候，母亲随逃难人群流落河北，岳飞收到母亲落难的消息，随即派人到河北寻找母亲，找到母亲后就接到了安全的地方，尽心竭力地侍奉孝敬母亲。母亲年迈，生病的时候，他就目不交睫、衣不解带地亲自伺候，端水拿药从不假手于人，而需要他人来办的事情，他都会来回交代好几遍，生怕有些地方疏忽了而让母亲受了委屈。就这样，一直到母亲去世，岳飞都无怨无悔地尽心侍奉，从不厌倦，也从没有因为母亲的事情而不耐烦过。在母亲以及众人的眼中，岳飞是一个不折不扣的孝子。

母亲姚氏去世后，岳飞时时刻刻也没有忘记母亲对自己的教诲和嘱咐，率领岳家军英勇作战、积极抗敌，力求救万民于水火，收复被战火祸害的河山。而在一系列的对敌作战中，岳飞作战勇武，战功卓著，母亲对岳飞"精忠报国"的厚望，他始终不敢忘记，以致他最终成为名垂千古的大英雄，后人也称他是真正名传千古的忠臣孝子。

由此可见，孝道其实也分大小，小孝是对自己的父母家人，而大孝则是对整个国家社会。就小孝而言，我们对待父母要尽心侍奉，心存敬爱；就大孝来说，我们对国家和社会则要尽到责任和义务，做出自己的贡献，发挥出自己的最大力量。这样，我们在家能够把各种事务处理得井井有条，在社会中能够很好地处理各种关系，干出一番事业。

戚继光为国尽忠

戚继光（1528—1588 年），字元敬，号南塘，晚号孟诸，卒谥武毅，山东蓬莱人（一说祖籍安徽定远，生于山东济宁微山县鲁桥镇），明朝抗倭名将，杰出的军事家、书法家兼诗人。而戚继光之所以能够取得如此大的成就，除了他自身的努力和坚毅的性格外，还与他严格的家庭教育和他对父亲的敬爱孝顺有很大的关系。

戚继光出身将门世家，父亲戚景通是一位久经沙场、战功无数的老将。五十六岁的时候才生下一子，取名继光。老将军戚景通老年得子，自然疼爱有加，但是却丝毫没有放松对戚继光的教诲和要求。戚家虽然家境贫寒，但是戚继光很喜欢读书，对于一些儒经、史籍都十分钟爱。由此，父亲戚景通对儿子寄予厚望。

戚继光十二岁那一年，一天练武回到家中，看见工匠们正在修理厅堂，其中一个工匠看到戚继光就说道："你家世世代代在朝做官，戚将军功名盖世，按照将军的身份理应修建一间十二扇雕花窗的大花厅，现在您的父亲只吩咐修建一间四扇窗的大厅，是不是有点太过节省了？"戚继光听后就对父亲说："今天修建大厅的工匠说您的官职不小，可为什么如此节省，而不肯修建一间雕花窗的大厅呢？"父亲听后摇了摇头，回答道："你小小年纪怎么就如此贪慕虚荣，竟拿工匠发的牢骚来询问我，我将来把这份家业交到你手里恐怕要保不住啊！你现在好好想想，工匠的话到底对不对？"戚继光生性聪慧，一听父亲这样说便立即明白了，回答说："孩儿定当听从父亲的教诲，实在不该听工匠的话，受其影响。"

次年，家中要给戚继光定亲，女方家中送来了一双华贵美丽的绣鞋，戚继光见了非常喜欢，翻来覆去看不够。于是，他便穿上了绣鞋来到父亲的书房，向父亲炫耀。可是父亲一见戚继光穿着绣鞋高兴得意的样子，便皱起了眉头，严肃地训斥道："上次关于修建大厅的事情我就已经说过你了，做人不能贪图享乐，谁知你如今又为了一双绣鞋而忘乎所以。你若是如此爱慕虚荣不知悔改，将来当了将军，必定是个贪污腐败之徒。"戚继光听了，羞愧不已，连忙向父亲道歉。

接着，父亲又问道："你知道宋代岳飞曾说过什么话吗？"戚继光想了一下说道："文官不贪财，武官不怕死，国家就会兴旺。""对，你要终生牢记这句话！认真读书，苦练武艺，将来为国家立功，干一番惊天动地的大事业！"

几年后，戚继光果然成为了一位文武双全的青年将领。这时，父亲对戚继光说："你知道父亲为什么给你取名继光吗？""您是要孩儿继承戚家军名，能够光宗耀祖。"父亲又说："继光，我这一生没有留给你什么家产，你不会感到遗憾和不满吧！"戚继光听了，指着厅堂上父亲的一副对联，念道："授产何若授业，片长薄技免饥寒；遗金不如遗经，处世做人真学问。"而后又对父亲说道，"父亲从小教导我读书习武，努力让我做一个品德高尚、顶天立地的人，这就是您给孩儿最宝贵的财富和产业，孩儿从没有想要贪图富贵、坐享安乐，我心中所想的只是在将来能够像岳飞将军创建'岳家军'一样，创立一支'戚家军'，以宽慰父亲的心愿，也做到尽忠报国。"

戚景通听了心中十分欣慰，便将自己一生的心血《戚氏兵法》传给了戚继光。戚继光跪在地上，双手接过兵法，对父亲说道："孩儿今后一定会仔细研读这部兵法，不管以后遇到什么艰难险阻，都不会丢弃父亲心血，有愧父亲的重托。"后来，父亲戚景通患病去世，戚继光更是在坟前哭着指天发誓："孩儿一定秉承您的遗志，为国尽忠，赴汤蹈火，在所不辞！"

事实上，戚继光也确实对父亲的教诲时刻不忘，对父亲的要求他都力争做到最好。明嘉靖三十四年（1555年），朝廷任命戚继光为金浙江都司，负责抗倭。他率领的"戚家军"在六年的时间里九战九捷，威震中外。对此，他曾明确表示说："我之所以能够在抗倭中取胜，全靠我父亲在世时的谆谆教诲啊！"由此，戚继光在中国历史上留下了浓墨重彩的一笔。

由此可见，在立身处世的过程中，我们对父母要尽心尽力地侍奉，那么在步入社会走上工作岗位之后便能够把对父母的孝心转化为对工作的赤诚，把对兄长的孝悌之心转化为对上司或是前辈的敬顺。所以，有了小家的安定才会有大家的安定，我们每个人在社会中的立身处世都是由小家的滋养而形成的。所以，我们也应当懂得真正的孝道是继承和发扬父母美好的志愿，使自己有所建树。

欧阳修奉行母教

欧阳修（1007—1072年），字永叔，号醉翁、六一居士，吉州永丰（今江西省吉安市永丰县）人，北宋时期著名的文学家和史学家，并且在政治上负有盛名，是有名的政治家。官至翰林学士、枢密副使、参知政事，谥号文忠，世称欧阳文忠公。后人又将其与韩愈、柳宗元和苏轼合称"千古文章四大家"。而欧阳修之所以能够取得如此令人瞩目的成就，与他母亲的悉心教育是分不开的。

事实上，欧阳修出生于官宦之家，他的父亲当时任绵州军事推官，为人正直、好客。父亲在世的时候，家中门庭若市，高朋满座，家境也比较宽裕，根本不用为衣食起居而发愁。可是在欧阳修四岁的时候，父亲就因病去世了。父亲去世后，家里也开始走下坡路，家境越发贫寒，最后甚至沦落到了"房无一间，地无一垄"的地步。加上，欧阳修是家中的独子，没有任何兄弟姐妹，如今家中没有了父亲的支撑，唯有欧阳修和母亲郑氏相依为命。以前，和父亲经常往来的朋友也不知不觉地断了音信，此时孤儿寡母可以说是举步维艰，面临的困难可想而知。

后来，母亲只得带着欧阳修到湖北随州去投奔欧阳修的叔叔。不过，欧阳修的叔叔家也不是很富裕，生活也是相当紧张。所以，他们给予这对孤儿寡母的帮助十分有限。所幸，欧阳修的母亲是一个意志坚强、很有志气的人，她人穷志不穷，很能吃苦耐劳，她就这样靠着自己的辛勤劳动，含辛茹苦地养育欧阳修长大。而且，在这个过程中，母亲郑氏肩负了欧阳修的早期教育工作。当时家里很穷，买不起纸笔，也没有多余的钱让欧阳修上学堂读书，但好在母亲郑氏是受过教育的大家闺秀，很有学识和修养，于是一有闲暇，她就会用荻秆在沙地上教欧阳修读书写字。

欧阳修也非常聪明懂事，很能体谅母亲的艰辛和不易，对于母亲的教育，他都能够聚精会神地细心听取，而大多数时候只要听个一两遍，也就能背诵下来了。而且，随着欧阳修年龄的增大，他也越来越懂得体谅和照顾母亲，一边勤奋读书学习，细心接受母亲教育，一边尽自己所能分担家务，减轻母亲的负担。

当然，欧阳修的叔叔也时不时地关怀他，对他进行指点和教导。就这样，童年的欧阳修没有失去基本的教育。加上，欧阳修非常聪明，学习也很努力，虽然没有在学堂接受过正式的教育，但是学识却要比同龄的学堂的孩子要高得多。少年所作的诗赋文章，文笔沉稳老练，犹如成人。他的叔叔看到后给予了高度评价，并对欧阳修的母亲郑氏说道："嫂子，您完全不用担心家贫子幼，这孩子天资聪颖，身负奇才，将来定能够光宗耀祖，他日名闻天下。"事实也确实如此，在欧阳修二十岁的时候，他就已经能够写出很出彩的文章了，且在当时可谓是小有名气，很多青年才俊都难望其项背。

同时，才气四溢的欧阳修对母亲也非常的孝顺，从小他就与母亲相依为命，对母亲的教诲从来不敢忘记，无不顺从。即使是在小有名气不需要母亲来教导学问的时候，他仍旧对母亲的教导恭恭敬敬，虚心接受，毫无骄纵放肆。也正是这份仁孝之心，欧阳修在母亲那里学到了行为处事、待人接物的道理，为以后的仕途作为奠定了坚实的基础。

一次，母亲对欧阳修说道："你父亲活着的时候当判决刑案的官员，经常晚上点着蜡烛批阅文书，多次放下笔来叹息。我问他为什么叹息，他说道：'手头上看的这个是一个判死刑的案例，我多方考虑、反复思量，想要让他能够活下来，可是最终还是无计可施！'我说：'让犯死罪的人能够活命，你有什么办法啊？'他说：'我会仔细地研究案件，想方设法地让犯死罪的人活命，可若是没能达到目的，那么犯死罪的人和我都没有什么可遗憾的了。我常常想着能够让情有可原的罪人能够活下来，让罪大恶极之人伏法认罪。可是也有些人总喜欢吹毛求疵，总想置犯人于死地。'他平常总是这样教诲他的弟子，我也常常听到，希望你以后也要谨记。"

还有一次，母亲又对欧阳修讲起了自己的身世和欧阳修父亲的为人。她说道："我嫁到你们欧阳家的时候，你奶奶就已经去世了，可是我从你父亲对你奶奶的怀念和表述中，能够知道他是一个孝敬长辈的人。他在家的时候尊敬孝养长辈，在外做官的时候，处理公事严肃认真，没有半点马虎。白天在衙门里办公，晚上回到家还要看公文和案件材料，而且常常一看就会到半夜。尤其是看死刑的材料，他总是会反复调查、核实，常常说人命关天，马虎不得。后来由于劳累过度，积劳成疾，他知道自己年纪大了，身体日渐衰弱，就对我说：'我不能看着咱们的孩子长大了，希望你以后把我的话告诉孩子：做人不要贪财图利，生活不要过分追求，要懂得孝敬长辈，要有一颗仁孝的心。'这就是你父亲留给你的遗言，现在你年纪也不小了，希望你能够好好地勉励自己，不让你父亲失望。"

欧阳修听完母亲的话后，抽噎着说道："我一定继承父亲的遗志，不辜负您的教诲，做一个品德高尚、持身清正的人。"后来，欧阳修做了官，出任参知政事。庆历三年（1043 年），他因为积极支持范仲淹、维持新法被贬职。对此，欧阳修的母亲说道："为了坚持正义而贬职，不是一件不光彩的事情。我们家早已过惯了贫寒的生活，只要你思想上没有负担，保持昂扬的斗志就可以了。"就这样，欧阳修在母亲的教诲下，养成了性情耿直、正直敢言的做事风格。以后在为官的过程中，欧阳修也始终不忘母亲教诲，一生为政清廉、为人耿直、为事严谨，文传后世。

欧阳修的孝义在现代来说，就是无论在什么环境，处在什么样的状态下都需要尽心竭力地侍奉，而不能在穷困的时候尽心竭力，在发达的时候就抛诸脑后。如今，在我们的周围，共富贵的人更加可贵，在事业有成、功成名就之后仍能侍奉双亲，才是不忘本的表现。也只有这样，才能够真正无愧于天地，受到人们的尊敬和赞赏。相反，如果持身不正，不懂谨守孝道，那么就会遭到世人唾弃。

力行诚谏，忠、孝、信皆不可负

谏诤章第十五：力行诚谏，忠、孝、信皆不可负

▬ 原典

曾子曰："若夫^①慈爱、恭敬、安亲^②、扬名，则闻命^③矣。敢问，子从父之令，可谓孝乎？"

子曰："是何言与^④，是何言与！昔者，天子有争臣^⑤七人，虽无道^⑥，不失其天下；诸侯有争臣五人，虽无道，不失其国^⑦；大夫有争臣三人，虽无道，不失其家^⑧。士有争友，则身不离^⑨于令名^⑩；父有争子，则身不陷于不义。故当不义，则子不可以不争于父；臣不可以不争于君。故当不义则争之。从父之令，又焉得为孝乎？"

注释

①若夫：发语词。用在句首或是段落的开始，表示另提一事，没有实际意义。

②安亲：父母安心接受儿女的孝养。

③闻命：命，指示，教诲。聆听教诲。

④与：通"欤"，语尾助词，有疑问、感叹或反问之意，相当于"吗""吧""啊"。

⑤争臣：能够直言劝谏的臣子。

⑥无道：没有德行，不行正道。

⑦国：周代诸侯国以及汉以后侯王的封地，即诸侯所治邑。

⑧家：指奴隶社会中卿、大夫的封邑。

⑨不离：离，离开，离别。不离，不失。

⑩令名：令，美好。令名，美名。

译文

曾子说："对待父母慈爱、对待父母恭敬、使父母能够安心接受儿女的孝养、使父母的声名得以在后世显扬，这些孝道我已经聆听过老师您的教诲了。不过，我还想冒昧地问一下，身为人子，一味遵从父亲的命令，就可称得上是孝顺了吗？"

孔子说："这是什么话呀！这是什么话呀！从前，天子身边有七个敢于直言劝谏的臣子，因此，纵使天子是一个无道昏君，不行正道，他也不会失去天下；诸侯身边有五个直言劝谏的臣子，即便诸侯是个无道君主，他也不会失去自己诸侯国的封地；卿、大夫的身边有三位直言劝谏的臣属，即使卿、大夫是个无道之臣，他也不会失去自己的封邑或是家园；普通读书人的身边有直言劝诤的朋友，他自己的美好名声就不会丧失；父亲的身边如果有敢于直言力争的儿子，就不会做出不义之事，不会陷身于不义之中。因此，在遇到父亲做不义之事时，做儿子的不能不劝诤力阻，在遇到君主做出不义之事时，做臣子的不能不直言谏诤。所以对于不义之事，一定要谏诤劝阻。若是只知道一味遵从父亲的命令，又怎么能称得上是孝顺呢！"

解析

《谏诤章第十五》是在讲述作为臣子和儿子应当具备的忠孝之义。在上面的论述中，孔子对慈爱、恭敬、安亲和扬名等都做出了详细的描述和解释，论证了孝道的含义和真正的力量。而在这一章节，孔子则对孝顺又进行了深刻的解读和剖析，认为所谓的孝顺除了要做到上面的几点要求外，还需要做好直言劝谏之责。也就是说，当君主和父亲做出了违反义理之事，作为臣子和儿子应当直言劝告，避免君主和父亲犯错，这才是真正的孝顺和忠诚。所以，孝道不仅要恭敬，更要有所谏净。否则，孝道就是愚孝。

事实上，自古以来，人们对孝顺就有非常丰富而全面的解释和定义。而孝顺，人们也是分开来解释的。其中，"孝"是指孝敬、恭敬，在衣、食、起、居等孝养的各个方面都能够做到尽心竭力；"顺"则是指顺从、服从的意思，也就是说对父母亲的决定要服从，不能违逆，不能使父母产生不愉快的情绪。相比较来说，前者侧重于奉养，多是物质层面，而后者侧重于顺从，多是精神层面。人们大都认为，只有在物质和精神层面都做到了子女的本分，才能称得上是孝道。可是，孔子在这里对孝顺的"顺"却有着不一样的理解和诠释。

在曾子对孝道之义有所疑惑时，孔子针对曾子对孝道的疑惑，阐释了在对处理君主和父亲有过的时候，作为臣子和子女应该持有的态度和做法。其实，这也就涉及"孝顺"中的"顺"与"不顺"的问题。孔子认为，君主和父亲的命令，作为臣子和子女的要恭敬对待，但是也不能一味地遵从听命而不加选择和思考。这实际上并不是真正的"顺"，而是盲从。正确的做法应该是要先斟酌其命令、决定，看看是否可行，是否符合正道之义理，否则就需要对君主和父亲进行劝谏，避免使君主和父亲陷于不义之中。

孔子选取了君主、诸侯、卿大夫和士等不同的阶层为例，说明了谏净的重要性和积极作用，论证了忠孝之举的应有之义。首先，对于高高在上的天子来说，其一言一行都关乎亿万黎民百姓和国计民生，正确的举措能够造福万民，而错误或是不当的举措则会使百姓受难，所以天子的身边需要有敢于谏净的臣子，如此一来才能够使天子之行少些差错，及时匡救，从而保有天下，四海安定。对于诸侯来说，即使诸侯有些无道，但只要在诸侯的治下有几位敢于谏诤的部属，能够对诸侯不当的政策法令做出劝谏，那么诸侯也就不会因为胡乱施政而丢失封国。再说，卿、大夫在治理自己的封邑过程中，若是有几个敢于劝谏的部属，即使卿、大夫的举措偶尔有所失当，这些敢于劝谏的部属也不会听之任之，任由错误的决定实施。这样一来，卿、大夫的封邑也就能够安然无恙了。

最后，就连品阶最低的士官以及普通的读书人，在自己的朋友圈里若是有几个直言劝谏的诤友，那么也能够使自己少犯错误、少走弯路，从而使美好的声誉集中在自己的身上。看来，不管是治国还是治家，决策者的身边都少不了能够直言劝谏的人，那种凡事都敬服顺从的人并不是真正的良才，也不能尽到他们应有的作用。接着，孔子根据这些例证，得出了作为子女的正确待亲之道。当父母有过的时候，作为子女，应该做到明礼达义，勇于劝谏，以便及时地纠正父母的错误决定，避免让父母陷身于不义、不智之中。

总之，无论君臣还是父子，做了不应当做或是欠考虑的事情，为子女的应向父母婉言劝谏，力求引向"正道"；为人部属的则需要全面考虑、统筹把握，直言谏诤；为人臣子的应当向君主陈明利害，勇于直言。当然，在这个过程中，我们可能会遭到父母、长官和君上的责难，但也仍当据理力劝，一味顺从敬服，不置他词，明知有错也闭起眼睛执行，最终使父母君长栽跟头，就不能称为忠孝之士。可见，孝顺的"顺"并非盲从，也不是父母之命无所不从。

■ **故事链接**

王览谏母护兄

王览（公元206—278年），字玄通，西晋初年琅琊临沂（今山东临沂）人。与"卧冰求鲤"的主人翁西晋太保王祥是同父异母的兄弟，"书圣"王羲之的曾祖。历经东汉、三国和西晋三代，曾入仕曹魏以及西晋，在西晋时期官至光禄大夫。王览不仅在仕途上具有非凡的政绩，而且自幼便孝友恭恪，具有优秀的品行，其仁孝之名仅次于哥哥王祥，并与哥哥王祥以孝悌之名，闻名于天下，流传后世。

当时，王览哥哥王祥的生母在他很小的时候便去世了，他们的父亲后来又娶了一房妾室朱氏，也就是王祥的继母、王览的生母。对于王祥来说，这个继母是刁钻古怪的女人，她从来没有对王祥有过真正的温情，不管是平时的衣食起居还是在日常生活中的其他方面，朱氏都对王祥极为苛责，甚是严厉，而且她还两面三刀，常常在王祥和他的父亲之间挑拨离间，逐渐地，父亲也对王祥产生了不好的感觉，开始疏远和厌恶他。可是，王祥对于继母却总是恭恭敬敬，没有丝毫的怨言和不满。凡是继母吩咐的事情都竭尽全力地去办。

对于王览来说，朱氏又是一个细心体贴、无微不至的慈母，他显然把所有的母爱都给了自己的儿子，家中所有好吃的、好用的，也都是优先让王览选择，家中的大小家务活也基本上与王览无关。可以说，王览和王祥简直就是处在天平的两个极端，在王祥的一端永远压着重重的石头，而王览一端则轻松自由、没有任何的束缚和枷锁，任其自由自在。而且，朱氏把所有的精力也都放在了王览的身上，给予他优渥的生活、良好的教育、完整的母爱。相反，这一切都是王祥不可能拥有的。所幸，王览不是和母亲朱氏一样的狠毒之人，他注重兄弟之间的亲情，与兄长王祥的感情很好。

生母朱氏憎恨王祥，经常在他们的父亲面前中伤王祥，更经常施以虐待，但王览始终站在哥哥王祥的一边，为哥哥说情，替哥哥打掩护。而且，每次母亲朱氏要虐待王祥的时候，王览都会坚持和哥哥一起，以至于生母因为无法狠下心来如此对待自己的儿子而中止。每当母亲以不当理由来责骂殴打哥哥王祥的时候，王览都情不自禁地流眼泪，暗自为哥哥悲痛。有时，王览更是直接向生母朱氏提出抗议，希望母亲能够好好地对待哥哥，不要动不动就往哥哥的身上撒气。也正是因为这样，王祥也少受了不少来自继母的责难和打骂。

一次，母亲朱氏一大早便派王祥到田里劳作，而王览则在家里读书。到了晚些时候，弟弟王览在完成了预定的读书任务后，便去田里给哥哥送饭。这时王祥对弟弟说："弟弟，你应该在家里好好读书，怎么来这里了？哥哥来的时候已经带饭了。"王览笑着回答道："放心吧，哥哥，我是读完书才过来的。况且你带的饭都已经凉了。"王祥接着说道："我明白弟弟的心意，可你这样做，要是让娘知道了，她会不高兴的。"而王览却说："哥哥，我也是家里的一分子，给哥哥送饭是我应尽的本分，娘不会不高兴的。哥哥，您就先吃饭吧，剩下的农活咱们一起干。"就这样，王祥吃完饭后两人一起把地里的农活干完了。

回到家后，母亲朱氏正在屋里等着他们，朱氏见王览和王祥一起回来便问道："览儿，你今天去哪了？"王览回答说："我今天给哥哥送饭去了，后来我们又一起干完了农活。"一听到这话，朱氏有点不高兴地说道："览儿，我平日里跟你说过多少次了，你现在最重要的事情就是好好读书，其他事情你都不要管。"王览说道："母亲，我是读完书以后再去的，大哥整日在外忙碌，孩儿只想尽自己所能，为大哥做点力所能及的事。""你怎么就不明白，你只要把书读好，将来能够做官，光耀咱们王家的门楣，娘和你哥哥再苦再累也没有怨言。"朱氏接着说道。哥哥王祥也说："弟弟，你以后要好好读书，不要再去地里了。

你关心大哥，大哥知道，你以后好好读书，别辜负娘和大哥的期望，大哥就心满意足了。"

朱氏找借口支走了王祥，单独对王览说："知府大人前几日来信说要让你和你大哥一个月后到县衙考核，要从中选择一个做官。"王览听了便说："那真是太好了，我这就去告诉大哥，让大哥也准备一下。"听王览这样说，母亲朱氏立即站起来阻止，说道："这件事不用告诉你大哥。""可信上明明说要我和大哥一起去县衙考核，为什么不告诉大哥呢？"母亲回答说："他只是你同父异母的大哥，并不是你的亲大哥。"而王览却说："这些年来，大哥一直关心我、照顾我，对娘也是十分孝顺恭敬，他就是孩儿的亲大哥啊。""你怎么不明白呢，你大哥去了会跟你竞争的。""竞争？""你大哥虽然读书没你多，可他见多识广，在本地又有一定的声望，若是他与你竞争，你未必能够赢他。""娘的意思是？""别让你大哥知道这件事情，到时候你一个人去县衙。""若是知府大人问起大哥，那该怎么办呢？""你就说你大哥身患重病，不能前往不就行了。""这岂不是欺骗知府大人吗？""娘不说，你不说，知府大人怎么会知道。"

"娘，您曾经教导孩儿，做人要内不欺己，外不欺人，孩儿怎么能够为了一己私欲，去欺骗大哥和知府大人呢？""傻孩子，做人要懂得变通，娘让你读书，就是为了让你做官光宗耀祖，你怎么能够因为你大哥而功亏一篑呢！""娘，可孩儿读书不是为了做官，而是为了明白古圣先贤为人处世的道理，从而造福百姓。""你不做官，又如何造福百姓？""古人说穷则独善其身，达则兼济天下，只要做好自己的本分，做不做官又有什么关系呢！""你，你真是气死娘了。"看母亲生气，王览立即跪下说道："孩儿惹娘生气，罪该万死，可是孩儿只想和大哥一同前往，无论最后谁被选上，孩儿都心安理得，可若是欺骗大哥，就算让孩儿做了官也问心有愧呀！""可这是千载难逢的机会，你为什么偏偏要错过。""孩子不是错过，孩儿是想公平地对待这件事，还请娘成全孩儿吧！"母亲见王览如此坚持，便只得说："既然你如此坚持，那娘也就不为难你了。"就这样，王览和王祥一起准备一个月后的考核。

而且，为了哥哥能够在考核的时候有个好成绩，王览还特意花时间教给哥哥书本上的知识以及考核应有的礼节。后来，每每遇到母亲刁难哥哥王祥的情况，王览都会尽自己最大能力去帮忙，替哥哥说情解围。随着年龄的增长，王祥在社会上的名誉越来越好，人气也越来越旺，朱氏出于嫉妒竟然要用毒药毒死他。王览无意中知道了这件事，便急忙跑去阻止，与哥哥抢着喝，想要代哥哥去死，母亲见状匆匆把毒药夺过来倒在了地上。这时，王览对哥哥说道："大哥，小弟不能眼看着您喝下这杯毒酒，也不能看着娘成为杀害哥哥的凶手。"接着又对母亲说道："娘，你毒死了大哥，就算孩儿今后当了官，又如何能够做到心安理得呢！孩儿不能够让娘对孩儿充满信心，是孩儿不孝，孩儿不能够保全大哥，是孩儿不悌，孩儿不孝不悌，是我不该活在这世上。"母亲见王览如此不惜以生命庇护哥哥，总算醒悟，再也没有为难过王祥。而王览为了防止母亲再下毒手，每次给王祥的食物他都要事先尝一尝。

王览的孝义之行是值得我们提倡的。作为子女，对父母的孝道不能是一味地顺从，当父母处事不公或是有错误的时候，我们也需要及时地指出，对父母进行劝谏，如此，才是真正的孝。否则，盲目顺从只会让父母陷身于不仁之地，有损父母的声名。所以，孝道不是盲目的顺从，而是带有理智和判断的爱。唯有如此，孝道才是真正经得起考验的，才能够真正成为典范。

孙元觉机智谏父

孙元觉，春秋时期有名的孝子，对父母亲十分孝敬恭顺，日常生活中总是以父母的需要为先，凡事都尽心竭力地侍奉。但凡父母吩咐的，他都会想方设法去办，尽力达到父母的要求。可是在当地却有一种不好的风气，如果年老的父母患有重病，难以治愈或是需要花费远超自身家庭经济状况的开支时，可以把父母背到山上遗弃。孙元觉一直都认为这样的行为有失孝义，只是由于这是人们长久以来根深蒂固的观念，年纪轻轻的孙元觉很多时候是心有余而力不足，无力阻止和劝说。

但是，令人意想不到的是，这样的事情如今却发生在自己的家里。孙元觉的爷爷年纪大了，身体日渐衰弱，常常会有一些小病小痛，而这次，显然病情是比较重的。孙元觉自从爷爷生病后便日夜守护侍奉在爷爷床榻边，照顾衣食起居，端水送药，无论什么事情都亲力亲为，所办之事也细致入微。但是，一天天过去了，爷爷的病情始终不见好转，这个本来就不太富裕的家庭如今的负担更重了。而且，孙元觉的父亲与孙元觉极为不同，他很不孝顺，对爷爷向来不恭不敬、敷衍塞责，常常是大喊大叫、态度强硬。这次，爷爷身患重病，多日治疗都不见好转，孙元觉的父亲更是心生厌恶和反感，于是便打算把年老病弱的爷爷丢弃到山野之间，任其自生自灭。

一天，孙元觉的父亲一大早便准备了一只大箩筐，想要在早饭之前就把病重的爷爷背进深山里扔掉。而孙元觉看到父亲准备的大箩筐就觉得事情不对，他不敢相信，平时自己极力反对的事情今天竟然发生在了自家人的身上。于是，孙元觉立即跑到父亲面前，说道："父亲，爷爷这么大年纪了，他生的病自然好得慢些，我们再多等个两三天，想必也就好了，父亲千万不要就这么把爷爷丢弃。"孙元觉知道，如果直接劝说父亲不要丢弃爷爷，言辞过于犀利，恐有冒犯不敬之嫌，不符合他作为晚辈的身份，要知道他向来对父亲恭敬顺服，是个大孝子，所以他也只得对父亲进行婉言劝谏。

可是，父亲这时候已经铁了心要扔掉爷爷，对于儿子孙元觉的话根本不予理会，仍旧把爷爷放进箩筐里，背起了箩筐。孙元觉见父亲无动于衷，但事情紧急也容不得多想，他只得紧紧地跟在父亲的后面，一边哭着一边继续劝说父亲停止如此败坏德行、不义不孝之举。说着说着，父亲就已经把爷爷背到了山野深处。孙元觉想到爷爷要一个人待在这幽深凄冷的深山沟里，即使不会遭到野兽毒蛇袭击，恐怕也会活活饿死。况且，爷爷本身就患有重病，想必在这样恶劣的环境下坚持不了多长时间。一想到这里，孙元觉的泪水就不由控制地流了下来。

孙元觉知道，就算再说什么孝义仁德的大道理，父亲也是听不下去的，根本对爷爷没有什么帮助。他只有想到一个更加有效的方法才能够救爷爷于危难。只见父亲把爷爷从箩筐里搬出来后，就将大箩筐扔掉了。孙元觉看着丢在一旁的大箩筐，突然灵机一动，想到了一个好主意。他擦了擦泪，走上前去，捡起被父亲丢弃的大箩筐并背在了身上。父亲疑惑地说道："这是个晦气的东西，你又捡它做什么？"孙元觉对父亲说道："不，这个还有用，等到以后您老了，若是也生了什么重病，我也好用这个大箩筐把您背到这里来。到时省得再置备大箩筐了。"父亲听孙元觉如此说，不禁大吃一惊，只觉背后一阵发凉，一股凄凉之感从心底油然而生，难过了好长一段时间，没有言语。一会儿，父亲回过神来，对儿子孙元觉说道："其实，你说得也确实有道理，把患有重病的老人家独自丢弃在这里，不管不问，任其自生自灭，着实不是孝义之举，我们还是把你爷爷带回家好生侍奉着吧！一切自有天命安排。"说着，父亲便把爷爷重新放进箩筐，背回了家。

回到家后，父亲对爷爷的态度也开始发生了转变，因为从儿子孙元觉的启发中，他已经清楚地认识到：父亲以怎样的孝行来教育儿子，儿子将来就会以怎样的孝行来对待父亲。由此，父亲以往的疾声厉色变成了温声细语，以往的不管不问变成了细致体贴，以往的嚣张跋扈变成了小心侍奉，无论是办什么事情，对自己的要求也明显严格了不少。尤其是在儿子孙元觉的面前，父亲总是能够尽心竭力地表现出自己尽心侍奉爷爷的一面。最终，爷爷得到了父亲以及孙元觉无微不至的照顾，长久以来的病情也逐渐有所好转，基本上可以自己照顾自己了。爷爷每每想到自己目前的境况，都不禁为有孙元觉这样的孝义之孙而感到高兴和欣慰。而周围乡邻在孙元觉潜移默化的影响和作用下，遗弃老人的行为也逐渐减少，并纷纷说道："做个孝子，就应当像孙元觉那样。"

看来，作为子女对待父母，不仅要恭敬孝顺，还要能够在适当的时候及时劝谏，指正父母出现的错误。要知道，父母的言行也不可避免地会有过失，甚至是大大地犯错。这个时候，我们就应该采用恰当的方法小心劝导，而不是一味地盲从，不辨是非对错。当然，在劝谏的过程中，作为子女也要注意，态度应诚恳，声音应柔和，做到和颜悦色。相反，疾言厉色、对父母没有起码的尊重和敬爱也是不孝的表现。所以，劝谏也要讲究方式方法，不能忘记了恭敬之态。

陈表劝和生母和嫡母

陈表，字文奥，庐江松滋（今湖北松滋县）人，偏将军陈武的庶子，校尉、解烦督陈修的异母弟弟，三国时期著名的吴国将领，也是远近闻名的大孝子。而且，陈表的孝道不仅仅是对父母的恭敬孝顺，尽心竭力地侍奉，更是做到了在父母有错的时候进行婉言劝谏，不至于父母的声名遭到侮辱、破坏。也正是因为这样，陈表的孝道之中包含着对父母的大爱，有着对正义真理孜孜以求的敬畏之心。实际上，这也是作为子女在孝敬父母的过程中应该做到的。否则，一味地顺从就是愚孝，就会使自己和父母身陷不义之中，整个家庭也不可能真正的和睦友爱，相亲相爱。

其实，陈表是父亲陈武小妾所生的儿子，哥哥陈修是父亲的正房妻子所生的孩子。不过，令人感到不幸的是，很早的时候，父亲陈武和哥哥陈修就在一次对敌作战中，英勇献身了。从那以后，陈表便成了家中唯一的男丁，慢慢地也就成为了家中的顶梁柱，支撑起了整个家庭。其中，最为重要的，他要侍奉两位母亲，一位是自己的生母，一位是哥哥陈修的母亲，也就是陈表的嫡母。父亲在世的时候，陈表的生母和嫡母就不和睦，常常为了一些鸡毛蒜皮的小事而发生纠纷和矛盾，由于嫡母是父亲的正房妻子，生母是父亲的小妾，所以嫡母常常凭借身份的优势而欺辱生母，生母则一直忍气吞声。当时，陈表是家中幼子，嫡母处于正房，他不能随便议论长辈，所以几乎没有什么机会来为母亲抱不平。加上，陈表是个大孝子，对嫡母的言行不敢有丝毫的抱怨，也不愿把这些事情说与父亲，让父亲为家庭琐事而操心劳力。

可是父亲陈武和哥哥陈修去世后，陈表成了家中的当家人，所谓母凭子贵，生母的地位也自然而然高了起来，底气也明显比以前足了。此时，嫡母和生母的身份已经悄然发生了转变，而这种转变带来的不是家庭和睦，而是又一轮的矛盾和纠纷，这时轮到了生母占据主动和优势。生母忍受了嫡母这么长的时间，如今自己的儿子是当家人，她也开始颐指气使起来，往日对嫡母所有的抱怨和不满都一股脑地撒了出来。在日常生活中，不管是什么事情，生母总是会和嫡母对着干，以显示自己不同以往的地位。而这却让一向恭敬孝顺的陈表犯了难。不管是生母还是嫡母，陈表都不愿意得罪冒犯，他们都是自己的长辈。

可是，很多时候，生母明显是无理取闹、徒惹是非。这一切，陈表看在眼里，不能当作视而不见。一天，陈表特地来到生母房间，一来是向母亲问安，二来是顺便对母亲说一下与嫡母的关系，希望能够让二人今后和睦相处。陈表说道："母亲，父亲和哥哥早逝，家中由孩儿管理，我们一家人还是要和睦相处才好。其实，若是按照常理来说，这家本应该是由大哥来当的，只是因为哥哥战死沙场，才不得不交到我身上。可是，我心里却一点也不为此而高兴，反而还很难过。我宁愿父亲和哥哥如今安然无恙。要知道，咱们这一大家子，各种各样的事情非常繁多，千头万绪，作为家中当家，肩上的担子很重，您平时还要多多帮助儿子，维护好整个家庭的和睦啊！"

母亲听儿子这样说，便回应说："这是当然，母亲明白你当家不易，我一定会尽我所能，帮助你管理好这个家的。你就放心在外处理要事吧，今后一定要成就一番大事业，光宗耀祖。"听了母亲的话，陈表频频点头，又说道："孩儿多谢母亲的理解和支持。只是还有一件事情需要同母亲商量。如今，虽然哥哥不在了，但哥哥的母亲还健在，她也是我嫡母，父亲的正房妻子，所以我尽心侍奉嫡母也是必须要做的，而且要做得很好。否则，别人就会说闲话，说您的儿子不孝顺。若是您和嫡母发生矛盾或纠纷，我偏向于您，别人就会说我处事不公，自私自利，缺乏良好的德行，那么在外边办事的时候就会遭人非议，有不好的名声。所以，如果母亲你希望我能够在外面干一番大事业，今后还是和嫡母好好相处吧！如果您做不到的话，那孩儿就只能搬出去住了，还请母亲恕孩儿不孝。"

母亲听儿子陈表说自己要搬出去住，连忙制止，紧接着便说道："儿子，你的难处我都已经知道了，你放心，我以后一定和你的嫡母好好相处，不再刁难她。你就放心在家里住吧，我和你的嫡母都离不开你啊！"陈表听母亲如此说，赶紧向母亲道歉，十分恭敬地说道："是孩儿言语唐突，还请母亲不要怪罪。我也多谢母亲能够如此理解和支持我。"自此以后，陈表的生母便收敛了以往狂傲的脾性，并且主动向陈表的嫡母示好，而嫡母也十分识大体，没过多长时间，陈表的生母和嫡母就言归于好了。后来，陈表除了尽心侍奉生母和嫡母外，再也没有为她们之间的纠纷而为难过，于是他有了更多的时间来专心干一些自己的事情。最后，陈表也为国家立下战功，被任为偏将军，死后被追封为乡亭侯。

可见，父母的言行举止其实也并非都是绝对的正确，作为子女，孝顺也并不是一味地言听计从，言行举止唯唯诺诺。父母也难免会犯错误，而在父母犯错的时候，子女要耐心劝谏。毕竟，做父母的最终都是为了子女好，子女只要懂得委婉真诚地劝谏，每一个父母都能够认真听取，虚心接受。即使父母一时间无法接受，子女也应该耐心劝服，让父母不至于在错误的道路上越走越远，以至迷途。

感应章第十六

感天动地，孝悌之道无所不通

感应章第十六：感天动地，孝悌之道无所不通

■ 原典

子曰："昔者，明王事父孝，故事天明①。事母孝，故事地察②。长幼顺③，故上下治④。天地明察，神明彰⑤矣。故虽天子，必有尊也，言有父也；必有先⑥也，言有兄也。宗庙致敬，不忘亲也。修身慎行，恐辱先⑦也。宗庙致敬，鬼神著⑧矣。孝悌之至，通于神明，光⑨于四海，无所不通。"

《诗》云："自西自东，自南自北，无思不服。⑩"

注释

①事天明：天子在祭祀天帝的时候，能够明白上天庇护万物的道理。

②事地察：天子在祭祀后土的时候，能够明察大地孕育万物的道理。

③顺：沿着，有序。

④治：治理得很好，有条不紊。如《屈原列传》中"明于治乱，娴于辞令"。

⑤彰：彰显，显现，显露。

⑥先：在前面，这里主要是指比他先出生的人，即兄长。

⑦先：祖先。如《史记·蒙恬列传》中"蒙恬者，其先齐人也"。

⑧著：显明，显现。这里主要是指使神灵显著彰明。

⑨光：照耀，发扬光大。

⑩自西自东，自南自北，无思不服：思，语助词，没有实际意义。选自《诗经·大雅·文王有声》，为《诗经·大雅·文王之什》中的一篇。原诗旨在歌颂周文王和周武王显赫的武功、杰出的功德，抒情和叙事相结合，具有很高的艺术成就。

译文

孔子说："从前贤明的君王侍奉父母能尽孝道，所以在祭祀天帝的时候能够明白上天护佑万物的道理；侍奉母亲能够尽孝道，所以在祭祀后土的时候能够明察大地孕育万物的道理；理顺长幼之间的秩序，所以对上下各层的地位也都能够处理得很好。能够明察天地覆育万物的道理，神明感其至诚而降下福佑，显现功能，使风调雨顺、人无疾病，天下安宁。所以，虽然尊贵为天子，但也一定有比他更尊贵能让他尊敬的人，这就是指他有父亲；必然也有比他先出生的人，这就是他有兄长。到宗庙里祭祀来表达恭敬之意，是因为没有忘记自己的亲人；修养身心、谨慎行事，是因为恐怕因自己的过失而辱没祖先的名誉。到宗庙里祭祀来表达恭敬之意，祖先的神灵就会显现，前来享受子孙诚敬的祭祀。对父母兄长的孝敬达到了极致，就可以通达与神明，光耀天下，不管是任何地方都能够感应相通。"

《诗经·大雅·文王有声》中有说："从西到东，从南到北，没有人不诚心归服的。"

解析

《感应章第十六》是在讲述孝悌之道不仅能够感人至深，也能够感通神明，使得福瑞天降的道理。在中国古代的哲学观念中，天地有灵，人们以天为父，以地为母。人为万物之灵，为父母所生，亦是天地所孕，所以人与天地会有所感应。而要打通人与天地神明之间的感应，就是文中所说的孝悌之道。孔子认为，孝悌之道具有无所不通的作用和能力。在这一章节，作者想要说明和阐述的正是孝悌之道通神明、感天地，无所不通的道理。

具体来说，孔子首先简明扼要地说明了能够对父母尽孝的贤明君主能够在祭祀天帝后土的时候，明察上天护佑万物、大地孕育百态的道理。之所以如此，是因为上古的圣明之君以天为父，以地为母，所以对于天地父母都同等看待。也正是因为这样，对父亲的孝道尽到了，也就能够明察上天护佑万物的道理；对母亲的孝道尽到了，也就能够明察后土孕育万物的道理。因而对父母尽心竭力的尽孝也就是对天地的敬重。

同时，推孝为悌，在一家之中，若是能够处理好长幼之间的关系，宗族长幼都能够顺乎礼仪，那么在处理政事、治理国家的时候，上上下下的官员和老百姓，也就都能够受到感化而自治。如此一来，贤明君主对父母的孝道尽到了，宗族长幼之间也能够遵行孝悌之道，那么天地万物都能够和谐共存，神明也会因为至诚的孝悌之心而受到感化，天降祥瑞，使四海之内天下安定，没有祸患或灾害发生。

从天子尊天法地的孝悌之道中，孔子也强调了，即使是尊贵如天子，世间也有比他更为尊贵，要让他尊敬的人，那就是天子的父亲。天子作为全民的领袖，可是仍旧有比他更先出生的人，那就是天子的兄长。所以，贤明的天子纵然至高无上、尊贵无比，可是仍需要尊其父、敬其兄，不自以为尊、不自以为先。由此做进一步延伸，天子的伯、叔、兄、弟与自己都是同宗同族，也必然要推其敬爱之心，以礼相待。而且，还应该追及先祖，设立宗庙祭祀，以敬爱至诚之心来对待。这就是对孝道的推广和践行，对叔伯兄弟不忘亲族之意，对于祖先先贤尽其敬爱之诚。

另外，修养身心、谨慎行事，力求其道德和行为都合乎正道，唯恐自身的行为稍有差错，以至于自己的行为使先祖的名声受到侮辱和辱没。因而，不管是品德还是行为都严格要求自己，不敢有一点怠惰之处，以防令祖宗亲族蒙羞。至于本身道德行为无缺，人格高尚，没有瑕疵的人，到了宗庙祭祀祖先的时候，祖先就会安心高兴地前来享受祭祀，并且能够显现出护佑之举动。所以，圣明的君主把孝悌之道尽到了，就能够孝感神明，使得先祖之名显耀。也正是因为这样，孔子在接下来才说到，把对父母兄长的孝悌之道做到了极致，那么就能够孝感神明，与天地鬼神相通，从而天人一体、互为感应，使得德教显耀于四海之内。显然，按照这样的方法来治理天下，自然能够使得百姓和睦，上下无怨。

最后，孔子还引用了《诗经·大雅·文王有声》中的诗句，再次强调说明了实行孝悌之道达到的目标和作用。天下虽大，四海虽广，但周文王的孝悌之教化广被四海，以至地域不管是东南西北，只要受到周文王教化的臣民没有不心悦诚服的。由此可见，盛德感化之深是无所不通的。所以，作为君主来说，推行孝悌之道是十分重要的。我们一定要推行孝悌之道，并极力做到极致。"孝悌之至"就能够"通于神明，光于四海，无所不通"。

■ 故事链接

王荐孝感动天

王荐，元代福建福宁人。生性仁孝，十分注重道义，乐善好施，以助人为快乐之本，在乡邻中素有美名，常常不计回报地帮助他人。

据说，当时在福宁有很多的贫苦人，他们的家中有人死了也没有多余的钱财来料理后事，好好安葬。可是州府明确规定，治下百姓若是有亲属去世不能不安葬，否则就会予以严厉处罚。那些穷苦的百姓根本没有多余的钱财安葬死去的亲人，但又害怕受到法令的处罚，于是大都会将亲人的尸首烧掉，然后把没有烧毁的骨骸丢弃在荒野之间，以避免安葬选地的开支。

可是这样，亲人骨骸暴露在荒野之中，任其遭受风吹雨打，实在是大大不妥，尤其是如此草率处理家中长辈的骸骨，更是一种不孝的行为。当然，王荐也清楚那些穷苦百姓的生活现状，要好好地选择一块地方安葬亲人确实心有余而力不足。于是，王荐便把自己家的一块地捐了出去，专门提供给这些穷苦人安葬他们的亲人。有亲人死了而备办不起棺材的，他还会买了给人家送去。在大旱之年，很多乡民买不到粮食，三餐不继，饿得饥肠辘辘，甚至有个别人面临被饿死的危险，王荐不忍大家受难，便把家中的存粮拿出来救济众人。后来，家里的粮食不够，还用田地换成粮食给那些穷困的人家送去。

可以说，王荐是十分有德行的。不仅如此，王荐还十分孝顺，对父母尤其恭敬亲爱，在日常生活中，不管是什么事情，他能够竭尽全力地按照父母的要求去办，凡是父母需要的、任何好的东西，王荐不管多困难也会想方设法为父母提供。在一些细微小事上，王荐也能够做到细心体贴、无微不至。每天，王荐都会抽出时间陪父母聊天，不管多忙，每天都会到父母那里请安问好。父母有什么小病小灾，王荐更是感同身受，衣不解带地在床榻边侍奉。

一次，父亲生了重病，本就体弱的父亲越发地消瘦了，严重的时候，甚至神志不清。看着父亲备受病魔的折磨，王荐心如刀绞，即使请来了当地的名医治疗，病情也是时好时坏，没有多大的起色。于是，王荐每天没日没夜地照顾，端水送药、饮食起居都细致周到，没有任何的疏忽和怠慢。而每每看到父亲消瘦的身体就暗自流泪。为了父亲能够早日病愈，王荐除了日夜侍奉在侧外，还夜夜向上天祈祷，希望父亲能够早日康复。并且，他还向上天许愿，就算是减少自己的寿命，也要延续父亲的生命。

后来，病入膏肓的父亲总算清醒了过来，清醒后的父亲有一日告诉朋友说："就在命悬一刻的危急时分，我看到了一位身着一袭黄衣、手拿红色锦帕的神仙。那神仙走到我面前，对我说道：'你的儿子王荐非常孝顺，他拿自己寿命作为代价换取了你十二年的寿命，你此后可以无病无患地生活十二年。'说完之后，那神仙就飘然而去了。随后，我就醒来了。"此后，王荐的父亲确实如他向朋友所言，在这十二年的时间里，没有任何的病患，可十二年过后，父亲就安然离去了，没有遭受任何病痛的折磨。人们知道了这件事，都纷纷称奇，都说这是王荐的至孝之心感动了上天，从而让上天泽被父亲。

再后来，王荐的母亲也得了一种重病，而且还是一种十分奇怪的病。生病以后的母亲经常莫名其妙地口干舌燥，非常想要吃西瓜，吃其他的任何东西都感觉不解渴。但当时正值隆冬，外面冰天雪地，一切都银装素裹，又没有什么保鲜或反季节技术，怎么会有西瓜呢？但既然母亲想要吃西瓜，王荐也不可能拒绝，于是他就外出四处想办法。首先，他向乡邻打听，继而在大街上向每一个过路的人寻求帮助，但是没有一个人知道在这个季节如何能够找到西瓜，有些人甚至一听到这样的问题就一阵讥笑，说他简直是精神错乱。

但是，王荐并没有因此而放弃，他仍旧一步步地向前走，询问每一个经过自己身边的人。就这样，不知不觉地，王荐来到了山野深处，雪这时也下得越来越大，王荐便打算先在树下躲避一时，等雪小些了再去寻找，哪怕是走到天涯海角也要完成母亲交代的事情，让病重的母亲心中有所安慰。而在树下躲雪的时候，王荐心心念念的也是为母亲寻找西瓜的事情，一想到母亲吃不到西瓜病就不会好，心里面就非常难受而泪流满面。可就在这时，他突然看见在远处的岩石之间突然冒出了几根青色的枝蔓，上面竟然就结着两个西瓜。王荐简直不敢相信自己的眼睛，连忙揉了揉眼睛，定睛看去，确实是两个西瓜。于是，王荐急忙向那里跑去，急切之下还摔了好几个跟头。但这都挡不住王荐的脚步，也丝毫没有影响他的心情。此时，他紧锁的眉头终于舒展，高兴得合不拢嘴。一拿到西瓜之后，王荐就以最快的速度往家赶。

回到家后，母亲看着儿子王荐手里的西瓜，也是大吃一惊，想不到自己这个不可能的要求，儿子竟然真的做到了。而震惊之余，更多的是感动。母亲看着儿子双手捧着西瓜，眼睛顿时就湿润了，激动地说道："你是怎么找到这西瓜的？"儿子王荐回答说："母亲，这是我在一个雪山上无意中寻到的，您快尝尝，怎么样？"母亲尝了一口说道："真甜啊！就是这个味道。"吃完之后，母亲轻轻呼了几口气，感觉整个身体都轻松了许多，身上的疾病也随之不见了踪影，整个人也精神了许多。就这样，修养了两三天后，母亲就恢复如初，身体和精神甚至比以前更好了。

后来，人们听说王荐为生病的母亲寻得西瓜的事情，都感到不可思议而啧啧称奇。对于王荐的母亲在吃了西瓜之后精神抖擞、身康体健的情况，人们也是百思不得其解。有的人则认为这是因为王荐的孝心感动了上天，受到了上天的恩赐。虽然王荐的事情有些传奇，令人难以置信，但是其尽孝的精神确实令人感佩。所谓，至孝之心必能成就大事，我们怀有一颗至诚的孝心，全世界都会给我们让路。所以，孝道是每个人都应该践行和遵守的。

阮孝绪的感天至孝

阮孝绪,字士宗,生于齐高祖建元元年(公元 479 年),南朝梁陈留尉氏(今河南省尉氏)人,著名的目录学家。阮孝绪性情况静稳重,从小便十分喜欢学习,在十三岁的时候就已经熟读并精通《五经》。成年之后,有着超凡脱俗的志向,曾对父亲说道:"我愿意学赤松子隐遁到瀛海里,追随许由幽居在山谷中,这样或许才能保全性命,免除世俗的拖累。"从此,阮孝绪便独居一室,若不是向父母问安绝不出门,甚至是家里人也不经常见到他。亲戚朋友因此都常称呼他为"阮居士"。在这段时间,他也写成了经典的目录学著作《七录》,流传后世。

而且,阮孝绪还是个非常有德行的人。早在阮孝绪七岁的时候,他就被父亲过继给了他的堂伯父阮胤之做儿子。阮胤之的母亲周氏去世后,留下了一百多万的家产,照理来说,这些家产理应由阮孝绪来继承,可是他却主动把这些家产交给了唐伯父阮胤之的姐姐,也就是琅琊王晏的母亲。听说这件事的人,都对阮孝绪十分佩服,称他是一个难得的懂事之人,将来定能够成就一番大事业。

而阮孝绪最为人称道的还是他的孝心,他对父母可以说是恭敬亲爱,从很小的时候,阮孝绪就懂得,有好的东西要孝敬父母亲,凡是父母需要的要尽量先让父母享用。可以说,阮孝绪无论在何时何地都能够挂念着父母,父亲有什么身体不好的情况,他也基本上能够有所感应和体察。一次,他在钟山听人讲经说法,母亲王氏在家里,突然生了病。听到母亲生病的消息后,他的各个兄弟们都急忙赶了回来。这时,他的一个哥哥说道:"我立刻派人把母亲生病的消息告诉小弟孝绪。"可母亲却说:"你不用派人去叫他,孝绪这个孩子非常有孝心,我生病的时候他常常都能够感应得到,这次也一定不会例外,想必他已经在回来的路上了,只因距离比较远,才没能和你们一块回来。"

各位兄弟们听了，也就没有再说什么。而事实也确实如此，阮孝绪在钟山突然感觉身体不适，心中一阵揪心的疼，猜想家中父母可能身体有恙，便急忙收拾行装往家赶。在这一路上，他马不停蹄，不敢有丝毫的停歇。就这样，在母亲给各位兄弟说了没多长时间，阮孝绪就风尘仆仆地回到了家中，来到母亲的房间，向母亲问安。母亲看到匆匆赶来的孝绪，对孝绪安慰了一番，说自己并没有什么大碍，只不过是身体稍感不适，说着脸上露出了欣慰的笑。其他兄弟也都十分感佩。而周围的邻居和村里的人听说这件事情，都觉得十分神奇，对阮孝绪这个孩子也都刮目相看。

后来，在给母亲配药的时候，缺了一味叫作生人参的药。大夫对他们说："如果药中缺少了这味药，那么药效会减弱很多，病情也要持续较长的一段时间才能够康复。"阮孝绪听了很是着急，让母亲遭受病痛的折磨哪怕是多一分一秒也是他绝不愿意看到的。于是，阮孝绪便开始四处寻找生人参。可是生人参是一味名贵的药，一般的人家和药铺是没有的，他跑遍了周围大大小小的药铺也没有找到。一次，在与一位走方郎中交流的时候，他无意间得知，这生人参极其名贵稀有，在这方圆百里之内要是有的话也只可能在钟山，而且即使是知道在钟山，想要寻找到也是一件极为困难的事情，因为生人参生长得极其隐蔽，其生长环境又大多险恶，人迹罕至。

在得知这一消息后，虽然希望渺茫，但是阮孝绪还是欣喜若狂，立即动身前往钟山。可正如那走方郎中所说，找寻生人参确实不易，阮孝绪在钟山一连寻找了几天都没有结果，就连那最为幽静偏僻和危险的地方，阮孝绪也都一一前去查看，可仍旧是一无所获，根本没有什么人参的踪迹。精疲力尽的阮孝绪只得暂时休息一下，此时他身上的衣服已经被山上的草木和突出的岩石磨成了破衣烂衫，身上也有多处受伤。可是，他自始至终都没有放弃，在短暂休息了一下后，阮孝绪继续在山间寻找。

就这样，阮孝绪在这深山之中一找就是十来天。这天，眼看天都已经黑了，他仍然在山间寻找人参。不料，这时不知从哪里跑出来一只鹿，他不知怎的像是着了魔一样跟着那鹿一直往前走，不知道走了多长时间，也不知道走到了哪里，那只鹿突然停了下来，就在阮孝绪恍惚之际，想要走近看一看时，鹿就一下子没有了踪影，阮孝绪快步走上前去查看。结果，大夫口中的新鲜人参正在刚刚小鹿驻足消失的地方。阮孝绪看着人参，使劲用手揉了揉眼睛，还用力掐了自己一下，在确定不是自己做梦之后，高兴得止不住大笑出来。而稍微镇定了一下之后，阮孝绪便急忙拿着新鲜的人参往家赶去。人们看到阮孝绪手中巨大无比的新鲜人参都惊诧不已，纷纷侧目，一时间议论纷纷。母亲在服用了阮孝绪寻找到的人参后，没过两三天病就痊愈了，而且身体和精神都要比以前要好得多，好像是突然间年轻了十来岁，母亲整个人也感觉轻松了许多。

这种无形的、足以感天动地的力量，便是由孝道产生的威力！虽然这种孝行产生的过程及效果令人有所质疑，但是阮孝绪的孝义之理是值得肯定和赞赏的，我们要做的就是在生活中尽心竭力地照顾和奉养父母，尤其是在父母生病的时候，更需要尽心竭力、无微不至。只有这样，才能让父母在病患之时有所安慰，使其得到更好的治疗。所以，孝道是我们每个人都必须遵守和奉行的。

徐亨郭英为母赴死

徐亨，宋朝浙江桐庐人。在他很小的时候，父亲就过世了，只有他与兄长、母亲三人相依为命。而徐亨自幼就是一个十分孝顺的人，对母亲一直恭敬顺从，凡是母亲所需他都会竭尽全力去置办，凡是母亲交代的任务，他也会想方设法地去完成。而且，对于母亲的日常饮食起居，徐亨也都是细致体贴，照顾得无微不至。

尤其是在父亲去世之后，徐亨对母亲的照顾更是细致周到。因为徐亨知道父亲的离去对母亲来说是个不小的打击和折磨，悲痛和伤心的情绪是无法避免的，而且父亲去世后，母亲没有了心中的支撑和依靠，必然会生发一种孤独寂寞之感，加上母亲一人支撑家庭，其重担相比以前来说也要重很多。所以，徐亨对母亲尤为照顾，他不愿母亲因父亲的过世而过分悲伤，以致身体受损，不愿母亲因为父亲的离去而内心孤寂凄凉，更不愿母亲独立承担家庭的重担。因此，在日常生活中，徐亨每天早晚都会到母亲的房间请安问好，询问母亲的饮食起居，晚上回来的时候也会经常找母亲聊天，谈谈外出的见闻和趣事，以便让母亲能够每天保持一个好心情。

母亲生病的时候，徐亨会更加尽心，凡事都是亲力亲为，尽心竭力，没有丝毫的松懈和怠慢。而且，直到母亲身体痊愈，徐亨都没有离开过母亲的身边，即使是晚上的时候，也是在母亲的床榻边侍奉，以便母亲有什么需求或是病情有什么变化能够及时得知。可以说，徐亨对母亲的照顾是非常到位的。也正是因为这样，周围的邻里乡亲都夸徐亨是一个明理懂事的大孝子。不仅如此，徐亨对待兄长也是十分恭敬亲爱，从来没有和兄长发生过冲突或矛盾，也没有因为自己是家中的幼子而无理取闹过。

按照正常的发展轨道来说，这是一个兄友弟恭、子女孝顺和睦的家庭，一家人本应和和美美地生活在一起。可是天公不作美，徐亨一家生在乱世，自己的命运很多时候并不由自己掌控。当年，方腊作乱，兄长被乱贼掳去，母亲因为庇护兄长也受了伤害。所幸，那日徐亨没有在家才逃过了一劫。可是，徐亨并没有因此而感到庆幸。相反，他十分自责和内疚，他没能和兄长及母亲在一起，以至于让兄长和母亲独自受难。他看着母亲悲痛的神情，每每想到这里，徐亨的心里就犹如刀绞、痛不欲生。而徐亨此时也知道，现如今兄长身陷贼窝，还不是自己难过伤心的时候，现在最重要的事情就是先想办法把兄长救出来，让母亲不再为兄长而担心忧虑。

可是作为一介草民，无权无势，身体又不是足够的强壮，他又能有什么方法呢？但尽管如此，徐亨也没有坐视不管，他想着即使是自己代替兄长去死，也义不容辞、心甘情愿。于是，徐亨简单收拾了一下行李，告别了母亲，就急忙向方腊贼寇逃窜的方向追去，他一定要见到那伙贼寇的头领，不管付出怎样的代价也要把兄长安全救出。就这样，徐亨历经千辛万苦才总算见到了贼寇的首领。徐亨见到首领，立即跪下来乞求，希望首领能够释放自己的兄长。可贼寇首领在这作乱期间，每天都要抓那么多人，自然不能谁来乞求一番就放了谁。否则，一切都乱套了，起义军的兵力也会日益衰减，很难如愿以偿地成大事。于是，首领断然拒绝了徐亨的请求。

徐亨当然也没有放弃，而是继续向首领哀求，并且态度诚恳地对首领说道："我老母亲如今年纪已经很大了，需要有人来侍奉，而兄长是家里的顶梁柱，侍奉母亲、照顾家庭的重任都落在他一个人的身上，如果兄长离我们而去，母亲也难得善终，我们作为子女的就是大大的不孝了。如果您非要一个人的话，小人愿意代替兄长留在您这里，所以还请首领能够开恩，免得母亲在家挂念担心。若是首领能够放了兄长，我即使是万死也没有什么可遗憾的了。"说完之后，徐亨再三苦求，希望乱贼首领能够网开一面，手下留情。

子女的孝心，普天之下都是一样的。乱贼首领在听了徐亨的哭诉后，心中也起了恻隐之心，于是便答应了徐亨的请求，由徐亨代替其兄长留在这里，允许其兄长回家侍奉老母亲。徐亨听到首领的应允，非常高兴地向首领叩拜谢恩。看着兄长从乱贼牢狱中走了出来，徐亨心中的大石总算是落了地，他一见到兄长就立马迎了上去，与兄长抱在一起，挥泪话别。当然，许亨并没有把自己替兄受罪的事情告诉兄长，而只是说自己还有些老朋友关在这里，要见上一见，嘱托兄长先行回去，照顾好在家等待的老母亲，让母亲不要担心。

就这样，徐亨的兄长离开贼窝回到了家中，把事情的来龙去脉告诉了母亲，并且对母亲说："弟弟在那里还有些认识的老朋友，说是要见见，完事之后也就回来了，母亲不用担心。"可事实上，从那以后，徐亨就再也没有回去。在徐亨的兄长离开后没几天，徐亨就被贼人杀害了。后来，人们对徐亨的孝悌之举纷纷称赞，并有诗记之，诗为："泣奔方腊跪陈辞，壮气全忘百万师。那惜挺身投虎穴，赎兄归养慰亲慈。"可见，徐亨的孝悌之举是令世人敬佩和称颂的。

事实上，为了孝悌之义而甘愿赴死的不仅仅徐亨一人。在明英宗天顺年间，有一个叫郭英的人，也是一个十分孝顺的人。当时，郭英的母亲在一次外出途中被贼人抓去。那年，郭英才十六岁。在得知母亲被抓去的消息后，郭英顿时悲恸欲绝，伤心大哭，十分担心他母亲的境况和安全，于是急急忙忙地前去追赶。而在这之前，他从未考虑过自己与贼人的力量悬殊，自己是否有能力救出母亲。当然，郭英也并非一个有勇无谋之人。他来到贼人的住所后，对贼人说道："我是专门为了赎我母亲而来的，就算是再多的金钱我们也毫不吝惜，你们就尽管开价吧。只是我家中的钱财向来都是由我母亲掌管，没有人知道她把钱财都藏到了哪里，所以你们想要赎金的话，还需要把我的母亲先放回去。不过，你们也不用担心，我可以代替母亲作为你们的人质，到时候母亲把钱拿来，你们再放我回去。"

贼人听郭英的建议没有什么纰漏，于是就答应了他的要求，把他的母亲放回了家。可实际上，郭英的家中根本没有那么多的钱财，这完全是郭英编造出来欺骗贼人的计谋。就这样，母亲安然无恙地回到了家中。而郭英却被贼人无情地杀害了。后来，廉州（今广西钦州）

知府张岳敬仰郭英的孝顺，特地建祠堂来祭祀他。而郭英事迹也和徐亨的事迹一起在后世广为流传，备受世人称赞。

毋庸置疑，郭英的孝义堪称楷模和典范，他为了保护父母的安全不惜牺牲自己的生命，这种奋不顾身的精神值得我们每一个人学习和敬佩。但是对于我们现代的尽孝方式和态度来说，我们要做的就是以更加智慧、理性的方式和态度来孝养父母。当然，实际生活中也大都是一些琐碎的生活细节。我们只要有这份为父母尽孝的心，不怕麻烦和烦琐就可以了。所谓生与死的考验很多时候并不会出现在我们的实际生活中。

事君章第十七

尽忠国君，家齐国治且天下平

事君章第十七：尽忠国君，家齐国治且天下平

▬ 原典

子曰："君子之事上也，进①思尽忠，退②思补过，将顺③其美，匡救④其恶，故上下能相亲也。"

《诗》云："心乎爱矣，遐不谓矣？中心藏之，何日忘之？⑤"

注释

①进：出仕，做官。这里主要是指在朝中做官。

②退：离开朝廷，不再任职，退居在家。

③将顺：顺势促成，随势相助。

④匡救：匡，纠正。纠正补救。

⑤心乎爱矣，遐不谓矣，中心藏之，何日忘之：乎，语助词，没有实际意义。遐不，何不。谓，告诉，说。中心，在心里。选自《诗经·小雅·隰桑》，该诗主要是描写女子对爱人的喜爱思念和永不忘怀的深厚感情。

译文

孔子说："君子奉事君王，在朝廷做官的时候，要想着如何尽心竭力地尽忠心；离开朝廷退居在家里的时候，要想着如何能够纠正并补救君王的过失。对于君王的优点美德，我们要顺应发扬；对于君王的

过失或缺点，我们要匡正补救，所以君臣之间才能够相互亲敬。"

《诗经·小雅·隰桑》中有说："内心充满敬爱之情，为什么不告诉他呢？心里永远存着敬爱君王的真诚，无论多么遥远，哪有一天会忘记呢？"

解析

《事君章第十七》是在讲述君臣之间的忠孝之义。其实，在《孝经》的首章，孔子就提到了遵行孝道的三个阶段，所谓"始于事亲，中于事君，终于立身"。也就是说，孝道最初是由侍奉父母双亲开始的，然后效力于国君，最终建功立业，功成名就。而在这一章节就是以"中于事君"为着眼点来进行讲解和论述的。

"中于事君"在孔子的观念里是十分重要的孝道延伸，在于能够为国家办事，为百姓服务，这是把对父母亲的孝道转移到了对国家人民的孝道。而且，相对于父母之孝道来说，事奉君主的忠孝更为重要，其积极性也更为广大。正因如此，孔子对事奉君主的臣子之道进行了阐述。孔子认为，但凡是有德行和占据一定位置的君子，在事奉君主长官的时候，都有其独特的优点。具体来说，他们在朝廷做官的时候，总是能够尽心竭力地效忠于君主和长官，知无不言，言无不尽，不管是计划方略还是细枝末节，他们都会竭尽所能，尽到自己的职责和本分，而不是饱食终日、无所事事。这与那些"在其位不谋其政"的尸位素餐之徒截然不同，甚至可以说有着鲜明的区别，在朝中也往往是对立的两派。

等到了离开朝廷退居在家的时候，他们也始终不忘忠君之事、担君之忧，总是检讨自己的言行举止，想着君王的言行或是举措是否有什么失当之处，从而殚精竭虑地去尽量弥补和纠正这一过错。关于这点，正如范仲淹在其《岳阳楼记》中所写的那样，"居庙堂之高则忧其民，处江湖之远则忧其君"。也就是说，在朝廷做官的时候要担忧他的百姓，尽心地辅佐君王；离任处在偏僻的江湖之间的时候则担忧他的君王。这就是忠臣的应当之举。

同时，作为部属，如果看到长官美好的德行和善举，要在事前积极的鼓励，在具体落实实施的时候要全力服从并竭尽全力地去操持。可若是长官有不善或不当之举的时候，作为部属的则应当在事前匡正，若是已经成为既成事实则需要尽力想办法补救。总之，无论如何，作为部属，在侍奉长官的时候，要尽力做到防患于未然、防微杜渐。如此种种，长官或是君主也就能够洞悉部属和臣下的赤胆忠心，从而以礼待之，这样君臣同心同德，上下一气，长官或是君主身处上位能够安享快乐，臣子和部属能够获得尊荣，从上到下也就能够做到相亲相爱了。作为臣子和部属也就做到了"中于事君"的要求。

最后，孔子还引用了《诗经·小雅·隰桑》中的诗句，进一步印证了作为臣子和部属的若是内心始终充溢着对长官和君王敬爱真诚，那么不管距离多么遥远也不管是哪一天，都不会让人忘记。所以，这里的"中于事君"实际上就是要求臣子或部属能够舍小家而成大家，成就自己的忠君孝长之道。因此，我们可以发现，"孝"是"忠"的前提，"忠"是"孝"的发展和延伸。而这种孝道思想在现代管理思想中，其实也具有积极的意义。因为只有这样，管理者才能放心授权，被管理者才能够凭此扶摇直上。

■ 故事链接

魏征劝谏唐太宗

魏征（公元 580—643 年），字玄成，钜鹿郡（一说今河北省邢台市巨鹿县，又说今河北省馆陶县或河北晋州市）人，唐朝历史上杰出的政治家、思想家、文学家和史学家，因其直言进谏，辅佐唐太宗共同创建了"贞观之治"的大业，唐太宗时期有名的诤谏之臣，被后人称为"一代名相"。在他辅佐唐太宗李世民的十几年间，为了能够使大唐民富国强，他先后向太宗进谏了二百多次。而每一次，唐太宗也都能够慎重考虑、认真对待。如此，君臣之间相得益彰，成就了一段历史佳话。

在年少的时候，魏征孤苦贫困，还曾经出家当过道士。不过，魏征是一个喜欢读书的人，尤其喜欢钻研古籍，学识非常丰富广博。隋朝末年，魏征参加反对隋朝暴政的起义。后来，魏征投靠了李唐王朝，被任命为太子洗马，为太子李建成做事。由于魏征才华出众、多谋善断，因而深得太子器重，备受礼遇。不过，魏征跟随太子李建成终究是明珠暗投。最终，李世民登上皇位，称为唐太宗。而唐太宗即位后，鉴于魏征有勇有谋、敢于直言，非但没有怪罪这个自己当初的敌人，还对他委以重任，并经常引入内廷，询问政事得失。而魏征得遇明主，也是尽心竭力地辅佐，知无不言，言无不尽。

公元 626 年，唐太宗初登帝位，为了扩大兵源，决定征召十六岁以上的健壮男子。对此，魏征直言不讳，屡次进谏，认为唐太宗此举实乃"失信于民，失信于天下"，甚至还为此抗旨拒绝签署命令。一日，太宗皇帝质问魏征为什么说自己"失信于民"。魏征回答说："您在即位的时候，曾下诏宣布，全部免征原来拖欠国家的财赋，但是相关官吏仍旧向人民催交赋税；您曾明旨下令，已经服役的、已经交纳租调的，从明年开始免除，可是现在不但没有免除还有继续大范围的征兵，这难道不是失信于民，失信于天下吗？"唐太宗想了一下，表示不会征不到年龄的兵，并且说道："你说得没错，政令如果前后不一，百姓就会不知所从，国家也是不可能治理好的。"

　　贞观初年，汉州刺史庞相寿贪污被告发，面对他的将是追赃撤职的严厉处罚。可是，庞相寿的身份比较特殊，他在唐太宗还是秦王的时候就已经跟随在唐太宗左右了，是唐太宗的老部下。一天，庞相寿负荆请罪，希望太宗皇帝能够宽恕、原谅他。而太宗皇帝认为，他之所以贪污完全是因为自幼家贫，没过过几天好日子，现在占据要职才动了歪心，又考虑到他是跟随自己多年的老部下，曾经为自己立下过不少的汗马功劳，于是便训斥了他一番，让他以后决不可再贪污，但最后却赏赐给了他一百匹绢，刺史的官位也仍然让他来做。

　　魏征知道了这件事后，深感太宗皇帝处置不公、赏罚不明，于是便直言上书反对，指出太宗皇帝徇私枉法、袒护纵容之错，并且还当面向太宗皇帝说道："您过去还是秦王的时候，部下很多，若是他们有人贪赃枉法能够被原谅赦免，可以继续保持官位，享受官俸，甚至不罚反赏，那么您的其他部下也必然会竞相效仿，越发地肆无忌惮，凭借着与您的交情或是之前的功劳而胡作非为，没有规则。如此一来，朝政必然会受到极为恶劣的影响。"太宗听后，想了想确实如此，对于魏征的话无可反驳，于是便不得不收回成命，对庞相寿进行了严厉的惩罚和处置。

　　后来，随着一系列稳固措施的施行，唐太宗的统治已经得到了极大的巩固，中原安定，四方归服，天下一片祥和之景。这时，魏征在与太宗皇帝谈话时说道："君主打天下，是在混乱的时局中消灭那些敌对反动势力，从而赢得百姓的拥护和支持，各地纷纷应势归附，所以草创大业并不是件多么困难的事情。可是，在得到天下之后，君主最易骄傲自满而享受安乐、遭受腐化。这时候，百姓希望安宁度日，可赋税繁重难当，徭役征调不止。社会残破不堪，可是上层仍旧奢侈浪费、挥霍无度。实际上，国家的衰弱和一切的弊端，大都是从这时开始的。所以，守天下远比打天下要困难得多。"太宗皇帝听了连连称是，并且在这样的治国之道指导下，相继实行了一系列有利于社会稳定发展的经济政策，颁布了涉及方方面面的诸多法令。

可是，越是在统治后期，这种居安思危的统治意识也就会越淡薄。贞观十一年（公元 637 年），魏征见太宗皇帝的言行办事，与即位之初那样的励精图治、克己爱民相比，已经发生了不小的转变，甚至有时候还有些朝相反方向发展的趋势。眼见太宗皇帝的统治出现颓势和危机，魏征便上了一道名垂后世的《谏太宗十思疏》。在这张奏表里，魏征痛切陈词，提醒唐太宗要时刻提高警惕，居安思危、戒奢以俭、积其德义，不能松懈大意，否则将会追悔莫及。

魏征在这篇《谏太宗十思疏》中提出：国君看到自己喜欢的东西时，要知足而警惕自己；想要大兴土木工程时，要懂得适可而止、安定百姓；自己位高权重不可一世的时候，要谦虚和蔼，加强自身修养和德行；如果担心自满而给自己带来损害，就要拥有海纳百川的气度和胸怀；当陶醉于游山玩水和出游打猎时，要想到古时帝王一年只准三次出游打猎的规定；担心自己懒惰松懈，办事时就要遵循善始善终的道路；心怀忧虑而踌躇不决时，要虚心采纳下属臣僚的意见；当有谗言和邪念的时候，要端正自身的态度予以排斥；对臣下进行奖赏的时候，要想到是否有因自己一时兴起而滥赏；要处罚臣下的时候，应想想是否有因盛怒之下胡乱惩罚他人的情况。经常进行这"十思"，就是为了发扬忠、信、敬、刚、柔、和、固、贞、顺等九种美德，使有才华的人竭尽智谋，有勇猛的人竭尽武力，有仁德的人竭尽慈惠，有信义的人竭尽忠诚。

唐太宗看了这份疏谏之后，被魏征的真诚感动，还特地写了一份诏书来表示自己态度，彰显魏征的敢言和忠诚，称"贞观之后，尽心于我，献纳忠谠，安国利人，成就我今日功业，为天下所称者，唯魏征而已"。

可见，太宗皇帝对魏征是十分重视的，也正是魏征的敢于劝谏、防微杜渐，才与太宗皇帝一起开启了盛极一时的"贞观之治"。可以说，魏征真正做到了在朝廷做官，尽心竭力地尽忠心，看到皇帝的过失或是错误就积极地劝谏，进行补救。而这点对于我们现代的尽孝方式来说，就是不能一味地顺从敬爱，还需要在父母有错或是不当的地方及时指出并劝谏，避免犯更大的错，栽更大的跟头。这样，一家人的生活才能越来越美好。当行走于社会之时，在和人打交道的过程中，也应当做到真诚无私，互帮互助。

诸葛亮鞠躬尽瘁

诸葛亮（公元 181—234 年），字孔明，号卧龙，徐州琅琊阳都（今山东临沂市沂南县）人，三国时期蜀汉丞相，杰出的政治家、军事家，死后追谥忠武侯。是刘备的股肱之臣，为刘备蜀汉基业奠定了坚实的根基。他的一生鞠躬尽瘁、死而后已，为刘备及其儿子刘禅的蜀汉基业不辞劳苦，是中国传统文化中忠臣与智者的代表人物。

实际上，诸葛亮出身于官宦世家，诸葛氏是琅琊当地的望族，先祖诸葛丰曾在西汉元帝时做过司隶校尉，父亲诸葛珪在东汉末年做过泰山郡丞。可是，在诸葛亮三岁的时候，他的母亲章氏就因病去世了，八岁的时候，父亲也撒手人寰，对此，诸葛亮悲痛不已。不得已，诸葛亮和弟弟诸葛均投奔叔父诸葛玄，并跟随叔父一起来到豫章，继而又来到荆州。

后来，叔父诸葛玄病逝，此时，诸葛亮已经二十七岁了，他便在隆中定居下来，一边耕种，一边读书做学问。而且，此时的诸葛亮已经是远近闻名的人物了，他学问渊博、见识丰富，常常自比管仲、乐毅，远近的朋友都非常的钦佩他。只是因为当时天下纷乱，而荆州的刘表又非善用人才之人，所以隐居在隆中，过着恬淡悠然的生活，等待时机。但是，在隆中闲居的日子里，始终心系天下，对天下形势一清二楚。

一心匡扶汉室的刘备，眼看汉室衰微，各地战事纷起，便急切地寻求谋士来帮助自己，想要干一番大事。因为，他深刻地认识到，在这乱世之中要有一番作为，必须有才干之士在旁辅佐，否则，盲打蛮干是难成气候的。在一番打听后，刘备得知隆中诸葛亮人称卧龙，得卧龙可得天下。于是刘备就亲自前往拜见。几经周折之下，刘备与诸葛亮终于得见。

刘备见到诸葛亮后，恭敬和顺，应有的礼仪无所不备，态度诚恳地请诸葛亮指点。诸葛亮还礼后便向刘备陈述了天下的三分之势，给刘备建议，"曹操不可取，孙权可作援"，接着又指出荆、益二州的州牧懦弱，是上天赐予的良机，而且只有拥有这两个州才有实力与天下群雄一较高低。最后，诸葛亮还循序渐进地讲述了匡扶汉室、结束乱局的详细计划和步骤。后来，人们把这件事情称作"三顾茅庐"，而这一番建议就是名垂后世的《隆中对》。刘备听了诸葛亮的谏言以及对未来局势的判断和相应举措后，心中备受鼓舞，顿时热血沸腾，感到自己确实找对了人。于是，再三请求诸葛亮出山，能够帮助自己共成大业。而诸葛亮也被刘备的诚意打动，欣然接受刘备的邀请，成为了刘备帐下的谋士。

自从诸葛亮成为刘备帐下的谋士之后，刘备对他礼遇有加，甚为重视，关羽、张飞对此有些不满。刘备对关羽和张飞解释说道："我有了孔明，就像是鱼得到了水一般。"关羽和张飞听刘备如此说，也就没有再抱怨什么了。诸葛亮所提出的《隆中对》也就成为了此后数十年刘备和蜀汉的基本国策。而事实上，自从有了诸葛亮在旁出谋划策，刘备的队伍再也不是乱打乱撞，而是有计划、有安排地步步为营。就这样，刘备的队伍一天天壮大，由原先的落魄英雄成为了一方的霸主，顺利地实现了隆中规划的一个个步骤。

公元 223 年，刘备抱憾而终，将未竟的事业交付给了自己的儿子刘禅，并命诸葛亮在旁辅助。临终之际，刘备拉着诸葛亮的手说："你的才能高出曹丕十倍不止，必能完成统一中国的大业。如果我儿刘禅可以辅佐，你就辅佐他；如果他低劣无能，你可自取而代之。"诸葛亮听后，痛哭流涕地说道："我会忠心耿耿地辅佐幼主，一直到死也不改初衷。"就这样，刘备死后，诸葛亮就担负起了治理蜀国的重任。而且，他事必躬亲，尽心尽责，很快便使蜀国恢复了国力，逐渐强盛起来。

国力恢复后，诸葛亮便着手北伐，六出祁山，力求能够完成刘备生前的遗愿，统一南北。而这北伐一经数年都以失败而告终，加上幼主刘禅性格懦弱，耽于享乐，不思进取，偏安一隅，对于诸葛亮多次出师未果的北伐并不怎么支持。在这种背景下，诸葛亮向刘禅进言，写了一篇千古传唱的《出师表》。在这篇《出师表》中，诸葛亮详细分析了当前形势，并阐述了北伐的必要性以及对后主刘禅治国寄予的厚望，字里行间言辞恳切，充分写出了诸葛亮对蜀汉基业的一片忠诚之心。

具体来说，诸葛亮在奏表中分析了当前有利和不利的形势，希望刘禅能够继承先帝遗志，广开言路，以防闭目塞听；对待臣下部属要能够赏罚分明，不能厚此薄彼，凡是有作奸犯科者都要交给有关部门严加处理；向刘禅推荐文臣武将中的贤良干才，提出居高位者应当做到亲贤臣而远小人。唯有做到以上三点，作为君主才可继往开来，完成先帝未竟之事业。在奏表的最后，诸葛亮还不禁追叙往事，表达了自己要"兴汉室"的决心以及要"报先帝""忠陛下"的忠贞不贰的真挚感情，可谓是言辞恳恳，令人感动。

也正是诸葛亮的尽心辅佐和发自肺腑的谏言，虽然刘禅昏庸无志，但仍旧没有使蜀汉过早地暴露出颓势。直到诸葛亮病死在军营之中，刘禅忘记了诸葛亮的谆谆告诫，宠信奸佞、不思国政，才使得蜀汉政权逐渐走向衰弱直至灭亡。我们可以想象，刘禅这样一个懦弱无能之辈很难保住蜀汉十二年。所以，臣子的忠孝观念，其实就是在位的时候能够尽己所能地补救君王的过失，帮助君主稳固河山。而对我们今天的孝道而言，尽孝就是要尽心尽力，不遗余力，而且要善始善终，不能半途而废。否则，就不能说是尽了孝道。

马本斋以忠尽孝

马本斋，原名马守清，回族，河北沧州献县人，抗日战争时期八路军冀中军区回民支队的创建人，赫赫有名的抗日民族英雄。他率领回民支队驰骋在冀中平原，英勇善战，威震敌胆，声名远播。毛泽东主席更是称其创建的队伍为"百战百胜的回民支队"。他成为了回族以及各族人民敬仰的英雄和楷模。

实际上，这位抗日英雄出生在献县一个贫苦农民家庭。全家整整十三口，平日里靠租种别人的几亩薄田以及扛活来维持生活，勉强度日。可是马本斋却是一个大大的孝子，对父母亲非常孝顺恭敬，一有空暇就会帮助父母做些力所能及的活，来尽可能地减轻父母的负担。要知道，十三口人单靠种地、扛活来维持生计是十分困难的，因此家里平时的生活十分拮据，三餐不继的情况也时有发生。而每当家中饭食不够的时候，马本斋都会非常的贴心，从不贪嘴且会尽可能地让父母多吃一些。

马本斋的母亲白氏也是一位很能吃苦耐劳且心性坚韧的农家妇女，平时回到家中，在和孩子聊天的时候，她常常会给孩子们讲苏武牧羊、岳母刺字、木兰从军的故事。而母亲的这些言传身教，对马本斋幼小的心灵产生了极为深刻的影响，使得马本斋从小便立下了不凡的志向。后来，家乡遭大旱，为了生存，马本斋跟随着父亲马永长外出做工，踏上了走西口的道路。起初，父子二人在张家口一带以炸油条为生，后来又辗转来到内蒙古给人放马。在这期间，马本斋跟随父亲奔走于大草原与京、津、冀、鲁之间，不仅开阔了视野，也增长了见识，这为他以后的人生道路选择奠定了坚实的基础。

加上五四运动中的各种学潮使得农家出身的马本斋耳目一新，他开始积极地接受各种新的知识和理念。后来，经朋友介绍，马本斋加入了东北军张宗昌的部队。当时，军中多是文盲，由于马本斋粗通文墨，军事技能过硬，在军中迅速得到提升。之后，更是一路劲挺，被授予团长之职。可是，在日军发动"九一八事变"后，蒋介石却奉行"攘外必先安内"的政策，命令东北军不抵挡，而马本斋的抗日义举则遭到上级的蛮横训斥。1932年秋，马本斋不忍同胞相残，毅然弃官离职，回归故乡。

1937年，日军发动"七七事变"，马本斋闻讯后随即表示："如今，国难当头，我作为中华民族的子孙，决不能袖手旁观。"母亲白氏听后，赞同儿子的想法，并给予了最大的支持，积极做大家的动员工作，而马本斋则带领着这些人习武练拳，准备随时应对侵略者。这年的8月30日，大家齐聚在清真寺中，成立了"回民义勇队"，由马本斋任义勇队队长。站在一旁的母亲则对儿子说道："本斋，大家伙如此看重你，你今后可得给大伙好好办事啊！"马本斋听了连连点头，表示绝不辜负大伙和母亲的期望。

自从"回民义勇队"的大旗竖起来后，队伍越来越强大，接着马本斋便率领着这支义勇队开赴抗日前线，与日军进行着殊死战斗，打翻日军的军用卡车，阻击下乡骚扰的汉奸队伍，一次一次地以小规模袭扰打破或是打乱日军的作战计划和安排……尤其是在加入了中国共产党后，他率领的"回民义勇队"更是成为了打不烂、拖不垮的铁军，令日军闻风丧胆，而义勇队所到之处，战无不胜，攻无不克，所向披靡，被人们称为百战百胜的"回民支队"。

可是，在一次"回民支队"转移的时候，敌人趁机抓走了马本斋的母亲白氏，妄图通过白氏来胁迫马本斋乖乖就范，束手就戮。很快，马本斋就得知了母亲被日军抓走的消息，义勇队队员们都纷纷要求营救，一向孝顺的马本斋更是心急如焚，痛如刀绞。他想起儿时母亲给自己讲的苏武牧羊、岳母刺字的故事，回忆起当初母亲教育自己为穷人拉队伍、促使自己走上革命道路的事情，心头涌起阵阵波涛，情难自禁地泪流满面。马本斋对支队党委说道："请政委和党放心，我是一名共产党员，自从入党的那天起，我就已经把自己的一切都交给了党。娘被日本人抓走了，当儿子的心里是最难过的，但是儿子仍旧会照常打鬼子，这才是对母亲最大的忠孝，也是对母亲最大的安慰。"

而母亲白氏在日军那里，态度也是非常强硬，不管是威逼还是利诱都丝毫没有妥协，对日军让她劝降马本斋的事情更是嗤之以鼻。不但如此，母亲白氏还以绝食同敌人作斗争，坚决不让自己成为儿子抗日的拖累，最终光荣牺牲。在得知母亲白氏绝食而死的消息后，马本斋痛心万分，泪流如注。等到悲痛的情绪稍微平复后，他当即率领救援队伍返回义勇队，并当即发誓，要更加英勇地为祖国、为人民而战，不辜负母亲的一番苦心，无愧母亲为大义而牺牲的斗争精神。

这以后，马本斋在对敌作战中更加地英勇顽强，为了民族大义，马本斋以忠尽孝，谱写了一曲感天动地的"孝子歌"。由此可见，孝道也有大小之分，有广义和狭窄之别，大孝是应该明白父母真正的所思所想，真正地发扬父母的遗志。所以，作为子女在孝养父母的时候，也要注意，不仅要在父母生前尽心孝养，也要在父母亡故后继续发扬孝道之义理。

丧亲章第十八

慎终追远，葬祭父母有依有据

丧亲章第十八：慎终追远，葬祭父母有依有据

▰ 原典

子曰："孝子之丧亲也，哭①不偯②，礼无容③，言不文④，服美不安，闻乐不乐，食旨⑤不甘⑥，此哀戚之情也。"

"三日而食，教民无以死伤生，毁⑦不灭性，此圣人之政⑧也。丧不过三年，示民有终也。"

"为之棺、椁⑨、衣、衾⑩而举之⑪，陈其簠簋⑫而哀戚之，擗踊⑬哭泣，哀以送⑭之，卜⑮其宅兆⑯，而安措之，为之宗庙，以鬼享⑰之，春秋祭祀，以时思之。生事爱敬，死事哀戚，生民⑱之本尽矣，死生之义备矣，孝子之事亲终矣。"

注释

①哭：哭泣，痛哭。这里主要是指悲哀伤心地流泪。

②偯：哭的尾声、余声。

③容：面容，面貌。这里主要是指保持容貌端正。

④文：文饰，修饰。

⑤旨：味美。如《诗经·小雅·鹿鸣》中有"我有旨酒"。

⑥甘：香甜，味美，可口。

⑦毁：哀毁，毁坏。又特指哀痛时过度而伤害身体。

⑧政：法则。这里是指圣人制礼施教的法则。

⑨棺椁：古代的棺木有两重，盛放尸体的叫棺，套在棺外面的称
为椁。泛指棺材。

⑩衾：被子。这里是指死人盖的被子。

⑪举之，举行敛礼。敛礼分为大敛和小敛。为死者穿着衣服称为
小敛礼，把尸体放入棺内，称为大敛。

⑫簠簋：簠，多为长方形，有四足。簋，多为圆形。古代祭祀宴
享时盛放黍稷稻粱等东西的器具，主要盛行于西周末年春秋初年，也
用作祭器，用来摆放祭品，常用竹木或钢制成。

⑬擗踊：擗，捶胸。踊，用脚顿地，跳跃。捶胸顿足，形容哀痛
哭泣。在古代丧礼中，表示极度悲痛哀伤的动作。

⑭送：送行。这里主要是指送殡，送葬。

⑮卜：占卜。烧灼龟甲，根据烧后的裂纹来预测吉凶。

⑯宅兆：风水学术语，指坟墓的四周区域。

⑰鬼享：指古代在宗庙中的祭祀。以祭祀之礼，请鬼神来享用。

⑱生民：人民。

译文

孔子说："孝子丧失了父母亲，要哭得声嘶力竭以至于发不出悠长
的余音，容貌举止失去了平时的端庄有礼，言辞没有了条理文采，无
法加以修饰，穿上华美的衣服就心中不安，听到美妙的音乐也不会觉
得快乐，吃着美味的食物也不会觉得好吃，这就是做子女的失去亲人
而哀伤忧戚的表现。"

"父母去世三天后就要吃东西，这是教导人民不要因为亲人的去世
而过度悲哀以至损伤生者的身体，不要因为过度的哀毁而使身体瘦削，
危及生命，这是圣贤君子的为政之道。为父母亲人守丧的期限不要超
过三年，是在告诉人们居丧是有终止期限的。"

"在为父母操办丧事的时候，要准备好外棺、内椁、穿戴的衣服饰品和铺盖的被子等，妥善地安置进棺内，并陈列摆上簋篦等祭奠礼器，以寄托生者的哀痛和悲伤。在出殡的时候，要捶胸顿足极度悲伤地哀痛出送。还要占卜墓穴吉地来安葬。兴建祭祀所用的庙宇，以便让亡灵有所归依而享受生者的祭祀。在春秋两季举行祭祀，来表示生者对亡故的父母亲人无时无刻的思念。在父母亲在世的时候以敬爱之心侍奉他们，在父母亲去世的之后则要怀着悲哀忧戚之情来料理丧事，如此才尽到了人生在世的本分和义务。养生送死的孝义都做到了，孝子侍奉父母亲的义务才算是真正完成了。"

解析

《丧亲章第十八》是在讲述父母亲去世之后，作为子女的应当遵守的礼法与规制。孔子认为，为人子女者不仅在父母亲活着的时候，能够尽心竭力地侍奉，而且在父母亲去世后也能够极尽哀痛忧戚之情，按照礼仪规矩尽心为父母亲料理后事。如此一来，不管是生前还是死后都尽心去做，尽到了作为子女的本分和义务，才能够称得上是真正的孝子，这也是孝道对子女的根本要求。

具体来说，孔子在这一章节主要为曾子讲解了慎终追远之事。前面所讲述的种种孝道，其实都是在父母亲生前的事情，这些不管是衣食起居，还是敬爱、扬名，都是在说，作为子女的在父母生前要尽其爱敬之心，尽心侍奉。对此，父母亲可以亲眼看见、亲身感受觉察到，这是子女给予父母亲的切实可感的孝道。而父母亲去世之后，作为女子无法再尽敬爱之情，不能再见双亲，这时候就得付诸慎终追远的大道。孔子也以此为着眼点传授曾子，教化世人，使得子女在父母亲去世后的孝行有所依据。

孔子认为，一个尽心侍奉父母的子女，在丧失了父母亲之后，必

然会无比的哀痛伤心，哭得气竭力衰，无以复加，也不再有委曲婉转
的余音。而且，在言辞上，也不再有任何的修辞文饰，没有那么的文
雅讲究，而是真真切切发自肺腑的哀痛流露。同时，在丧亲之痛中，
对于所谓的礼节也无暇顾及讲究，容貌举止也完全没有了平时的端庄
和平静。由此，哀痛之情已经充溢身心，即使是穿上华美的衣服也会
心中感到不安，即使是听到美妙的音乐也会感到非常的刺耳，吃到美
味的食物也食之无味，不会觉得好吃。这样的言行动作以及知觉感受，
都变得迟钝而充满痛感，以至于神不自主。这就是孝子哀痛忧戚之情
的真情流露。作为子女的在父母亲去世后对父母的孝道也体现在这里。

　　而就丧礼的规制和环节上，子女虽然丧失父母亲后悲痛欲绝、哀
痛难当，但仍需要有所克制，按照礼制来为父母操持、料理后事。大
致来说，孔子教导人们在父母离世后不可哀伤过度，哀痛之情发乎天
性，若是不加控制任其发展则会毁伤身体，甚至危及生命。所以，圣
贤孝子应该遵行一定的标准，懂得守孝之期不能超过三年，父母去世
后三天就要进食吃东西，而不能任由哀痛之情占满身心。否则，危及
生者的健康和生命，不为父母料理后事、打点一切也是不孝之举。

　　具体在为父母操持后事的时候，需要在父母去世之日，小心谨慎
地把为父母准备好的衣服穿好，被褥垫好，外椁套好，继而收敛起来。
收敛好之后，子女要安排在灵堂前放置祭祀所用的器物，供献祭品，
以便早晚祭拜尽哀思之情。送葬出殡的时候，子女应捶胸顿足，哀痛
迫切地来给父母送行。至于安葬的墓穴，子女也要精心挑选风水吉地，
来表达子女的爱敬之意。而安葬好之后，子女还要依据祭祀礼拜制度，
建立家庙或是宗祠。等到三年守丧期满，要把父母亲的灵位移到宗庙，
使父母亲能有享受祭祀的场所。另外，在春秋两季要进行祭祀，以表
达对父母双亲的思念。如此，父母在世之日尽其爱敬之心，父母去世
之后事以哀戚之礼，那么养生送死的礼仪就算是十分完备了，子女事

亲的孝道至此也就可以说是完成了。所以，这里是对子女孝养父母的概括性总结。

■ 故事链接

乐颐赤足奔父丧

乐颐，字文德，南阳涅阳（今南阳市镇平县）人。生性谨慎，不管是说话还是办事都非常的细心审慎，从来不会马虎大意，有所疏漏。也因为这样，在人们的眼里，他是一个沉稳踏实、将来能够有一番作为的孩子。不仅如此，随着年龄的增长，乐颐行为处事更加稳重，待人接物也是和蔼可亲，十分友善。尤其是对父母，也更加恭敬亲爱。家里人看到乐颐心性日渐成熟稳重，都十分高兴，而周围邻里看到乐颐如此的孝顺懂事也都十分美慕敬佩。

乐颐在年轻的时候，曾经得过一场大病。在病痛的折磨下，乐颐白天坐不稳、晚上睡不着，可是他为了不让父母担心，竟然强忍病痛，谁也没有告诉。白天的时候，他常常会躲在院子里装出干活的样子来掩饰自己的疼痛。到了夜里，因为他住的房间和父母的房间只有一墙之隔，为了不让父母发现自己的病情，他就强忍病痛，绝不发出哪怕是一丝一毫的声音。有时候，他实在坚持不住了就站起来走动走动，而走动的时候，脚步也是极轻的；有时候，他就用嘴咬住被子，握紧拳头强忍着让自己躺在床上。所以，他盖的被子被咬碎了一大片。更要一提的是，在他生病的这段时间，他依旧和往常一样，按时问候母亲的饮食起居，帮助父亲干些力所能及的活，从来没有间断。所幸，乐颐得的不是什么大病，他后来托人买了点药吃了也就好了。

除了稳重懂事、不让父母操心以外，乐颐还十分好学勤奋，诸子百家，他无不通晓，对于其中的疑难问题常常能够有自己的见解，做到别出机杼。如此日复一日，学识日渐渊博，在古代讲究的是学而优则仕，乐颐也不例外。长大以后，乐颐就参加科考进军仕途，后一举中第，做了京府参军，可谓是一个不错的官位。而且，乐颐由于能力超群，秉性忠厚仁爱，待人以诚，在任期间处理公事井井有条，对待上司长官恭顺敬爱，不管是在一起任职的同僚还是顶头上司都对乐颐青眼有加。

而做官之后，乐颐对父母的态度也是更加恭敬，唯恐有什么做得不够周到的地方。尤其是由于为官任职，公务繁忙，不能时时陪伴在父母的身边，何况乐颐任职的地方与老家郓州有一定的距离，难免会有照顾不周的地方，所以一有时间陪伴在父母身边，乐颐都会尽心竭力地侍奉，可谓是细致体贴、无微不至。人们都称赞乐颐不仅是个能臣还是个孝子。

后来，父亲在郓州家里病故，乐颐得知这一噩耗后悲恸欲绝，立刻到上司长官那里说明了情况，希望长官能够允许他请假回家奔丧。长官见乐颐如此悲痛，就批准了他的请求，并对他安慰劝说了一番，希望他能够节哀顺变。可是，父亲的去世对他来说简直是一个晴天霹雳，他一直觉得自己对父亲照顾不够，由于公事耽误了很多照顾父亲的机会。有道是"树欲静而风不止，子欲养而亲不待"，乐颐对父亲的突然离去悲痛到了极点，似乎一下子没有了依托和支撑，心中那座家之大厦轰然倒塌了，以往的成熟稳重也都被抛到了九霄云外。如今，留给他的只有无尽的悲伤。

向长官请好假之后，乐颐就立即赶路返乡。由于思亲心切，在半路上，乐颐常常是哭得死去活来。他时不时就情不自禁地想起幼时父亲对自己教诲和养育的细节，想起在自己的成长过程中父亲扮演的至关重要的角色，可以说，在乐颐每一步的前进道路中都或多或少地有父亲苦心教育的痕迹，没有父亲就没有乐颐的今天。越是想到这里，乐颐的心中越是悲痛得难以自制。在路上，他急切的心理让他感觉连没日没夜往回赶的车子也如蜗牛一般。于是，他干脆从车子上跳了下来，飞一般地朝着家的方向跑去，他恨不得立即就能回到父亲的身边。由于乐颐跑得太过急切，心情又极度悲伤，没有跑多久，他就累得晕倒了。

醒来之后，他才发现自己躺在地上，鞋子跑丢了，脚也磨破了，脚底是血糊糊的一片。可是乐颐顾不得包扎脚底的伤口，一醒来就立即又跑了起来，尽管脚底的血仍然在一点点地往外流，地面上留下了一个又一个的血脚印，但乐颐完全没有感觉到任何的疼痛，他只顾着埋头向前跑，只想快点儿回到家。这时，过路的一个商贩看到了，认出了这是京府参军乐颐，事先也听说了他返乡奔丧的事情，看着他如此不惜性命的奔跑，便强拉着他上了自己拉货的牛车。上车后，商贩给乐颐进行了简单的包扎，暂时止住了出血。可是，乐颐却没有感到丝毫的好转，因为他心里的痛远比脚上的痛要剧烈万倍。就这样，乐颐一路上忧心如焚，几经周折，才总算回到了家里。

回到家以后，乐颐以极其哀痛的心情表达了对父亲的哀悼。在悲痛的情绪稍微平复后，乐颐就尽心尽责地为父亲操办了后事。周围邻里有感于乐颐的孝道，也积极主动地来帮助他。就这样，大家一起帮着乐颐为他的父亲料理了一切丧葬事宜。

可见，孝道除了在父母生前要尽心侍奉外，在父母去世后还要尽心竭力地为父母操持后事，不能有所懈怠。但是，需要注意的是，操持后事的礼仪只是形式，我们对父母的孝心才是最为真切的。因此，在提倡新的丧葬风俗的环境下，我们要顺应时势，避免大操大办，而把更多的时间和精力放在对父母生前的侍奉上。

鲁恭孝父侍弟

鲁恭，字仲康，东汉陕西人，生性至孝明理，是一个十分踏实懂事的孩子，自幼便对父母恭敬顺服，极为孝顺体贴。别看他小小的年纪，比他年龄大的也大都比不上他，在父母的眼中，他是一个贴心的孩子，在周围邻里的心中，能够拥有这样的一个孩子是每一个父母都梦寐以求的心愿。而且，值得一提的是，鲁恭出身官宦之家，父亲曾担任光武帝时的武郡太守多年，一直恭勤克俭，深为同僚所赞誉。鲁恭丝毫没有因为自己的家世而骄傲自满，对自己的要求也从未因为衣食无忧而有所懈怠。

可是，父亲在鲁恭很小的时候就因病去世了。当时，鲁恭只有十二岁，他还有一个弟弟，年仅七岁。这对鲁家来说简直是灭顶之灾，如今只有母亲带着鲁恭和弟弟一起生活。虽然父亲生前为官多年，但是一朝失势，鲁家也随之门可罗雀。偶尔有官府中人的救济和帮助，鲁恭也大都婉言谢绝。实际上，鲁恭已经担起了鲁家的整个重担。父亲去世后，母亲身体日渐衰弱，时好时坏，家中诸事多心有余而力不足，虽说鲁恭对父亲的去世也是悲恸欲绝，父亲死后的接连几天，鲁恭都以泪洗面，茶不思、饭不想，甚至连水都喝得很少。但尽管如此，鲁恭敬也没有一味悲伤难过，他知道此时急需要自己站出来，为父亲料理好后事，并且撑起这个家。

就这样，鲁恭收拾好悲痛的心情，平复好情绪，便紧张地料理父亲的丧葬事宜。这对于一个年仅十二岁的孩子来说，确实是一个极大的挑战和考验。但事实是，鲁恭没有辜负父亲，他从小就懂事明理，本就比同龄的孩子要成熟稳重，也常常为父母分担家务，料理家中事情。所以，鲁恭做起事情还算是有板有眼，凡事都能够按照礼节和规制来进行。鲁恭带着弟弟尽心竭力地为父亲的丧事安排一切，所有的礼节都筹办得十分周全，就算是再细微之处的礼节也没有忽略，甚至很多事情比大人们想得还要周到，可以说是极尽礼节之备。人们看到鲁恭把父亲的丧礼安排得如此周全，都十分佩服，连连称赞鲁恭是个难得的孝子。尤其是这小小年纪就能够料理得细致入微，若非没有对父亲的至孝之心是不可能做到的。再看鲁恭在丧礼上悲恸欲绝的样子，人们看了无不心有戚戚然，忍不住上前规劝，希望鲁恭能够节哀顺变，以后带着弟弟重振家风。

而等选好了安葬父亲的风水吉地，安排了下葬的一切事宜之后，鲁恭还带着弟弟在父亲的墓地上搭了一个简易的茅屋，为父亲守孝。在守孝的三年时间里，鲁恭每天早晚都会到父亲的坟前祭拜一番，给父亲说说话，平时一有空闲就去照顾母亲，父亲去世后，母亲便是鲁恭的至亲，他把对父亲的敬爱都转移到了对母亲的孝养上，凡是母亲所需，鲁恭无不竭尽心力去置办，哪怕是自己和弟弟受再大的委屈也无怨无悔。

后来，服丧期满，鲁恭和弟弟、母亲三人相依为命，平日里除了在太学读书外，他基本都侍奉在母亲旁边，从无懈怠。在学业上，鲁恭和弟弟两个人也都发愤图强，认真勤奋，学识与日俱增，进步很快，受到人们的普遍称赞。在人们眼中，鲁恭不仅仁德至孝，而且学识广博，是难得一见的人才。随着鲁恭的德行和才干被越来越多的人知晓，官府也对他青眼有加，认为他是一个德才兼备的人，多次请他做官，但都遭到了鲁恭的婉言谢绝。

一天，有人向他问道："官府请你做官，这么好的事情，你怎么还要拒绝呢？难道是因为他们给你的官职太小了吗？"鲁恭回答说："怎么会呢！其实，我做不做官都没有什么关系，又怎么会挑肥拣瘦，爱慕高官厚禄的虚荣呢！这主要是因为现在弟弟年纪还小，如果我自己先去奔赴功名，没有时间和机会在旁鞭策弟弟进取，就会影响弟弟学业的进步。所以，我是想等到弟弟成名立业之后，再施展自己的抱负，做一番事业。况且，家中还有老母亲需要照顾，弟弟一个人是忙不过来的。也正是因为这样，每当官府中的人来问我是否愿意做官的时候，我常常会以自己的身体不好为借口，称自己无法胜任官府的工作，要等到身体养好以后才能不负重托。"

那人听了，连连点头称赞，对鲁恭更是刮目相看。后来鲁恭因照顾母亲、弟弟而拒绝接受官职的消息不胫而走，人们也都对鲁恭这份至诚至孝之心佩服至极，都说鲁恭此人堪为表率，纷纷教导自己的子女要以鲁恭为榜样。母亲后来也知道了儿子鲁恭之所以多次辞谢官府的真正原因，劝他不要想这么多，务必去当官做事。无奈之下，鲁恭想到了一个两全之策，那就是到距家不远的新丰去教书。直到弟弟鲁丕被举为孝廉，鲁恭才一改往日的态度，在官府的邀请下做了一名郡吏。

看来，鲁恭是一个明理懂事、识大体且目光长远的孝子。在对父亲的事情上，他尽心竭力地为父亲料理丧事，凡所需礼仪无所不备，使亡者死得安心，使生者心中踏实。而对于母亲和弟弟，鲁恭无私奉献，不计回报，宁肯牺牲自己的名利也要力求和弟弟一起功成名就。因为只有这样，才能让母亲心中欣慰，不会让母亲为了子女而费心劳神。所以，我们不得不说，鲁恭是一个不折不扣的大孝子。而且，鲁恭的孝行对我们现在来说也具有极大的借鉴意义。尤其是在这个物欲横流的时代，各种各样的诱惑络绎不绝，我们是否能够守住本心，尽心尽力地把时间和精力放在对父母的孝养上是很重要的。事实上，只有做到孝养父母的人才能干出一番大事业，若是本末倒置往往会适得其反。

隐匿父母丧事的罪过

在中国古代社会，无论是家庭还是国家，对孝道都是十分重视的。作为官员来说，若是家中的父母去世，官员就需要向皇帝或是上级长官说明情况，解职回家料理丧事以及守丧，这也就是人们常说的"丁忧"。"丁忧"就是指子女要给父母守丧三年的习俗。因为在古人看来，在每个人生下来的最初那三年，孩子都是在父母的怀抱中长大的，所以到父母去世的时候，我们应当回报父母的三年养育之恩，否则，就会被认为是大大的不孝。

而且，随着人们对孝道的重视，人们对父母去世之后的所作所为也制定了一套统一的标准和规则。比如，子女为父母守孝的期限是三年。而在这三年的守孝时间里，做子女的要能够与世隔绝，尽可能地杜绝任何物质和精神方面的享受。同时，按照礼制的要求和规范，父母在去世后，子女在头三天不能吃什么东西，要尽心竭力地送父母最后一程，并极尽哀痛之情；从父母去世的第四天算起到下葬的这段时间，子女每天早晚只能喝一碗粥，即使是在送葬结束后，在守丧的这三年时间里，子女在饮食上也不能随意沾酒肉荤腥，而只能吃粗茶淡饭。总之，在父母的丧期内，作为子女的要杜绝一切的享受和娱乐活动。若子女在父母丧期内有违标准和礼制的行为，那就是不孝。有的甚至还会被认为是犯罪，要受到严厉的处罚。

汉代以后，"丁忧"服丧就已经被朝廷纳入了法律。其中，匿丧不举、"丁忧"期间作乐、丧期未满求取仕途、生子、兄弟别籍分家、嫁娶、应试等都会被认为是犯了"不孝"的罪行，将会受到严厉的处罚，判处一年至三年不等的徒刑，或是被发配流放。在唐朝，《唐律·户婚》就规定："诸居父母丧而嫁娶者，徒三年，妾减三等，各离之。知而共

为婚姻者，各减五等。"也就是说，若是在父母丧期内进行婚嫁，进行
婚嫁的双方都需要受到相应的处罚，概莫能外。而且，在双方都明知
一方在丧期内的情况下，处罚会相比一方不知的情况更加严厉。这种
违反丧期规定而进行婚嫁的行为被称为"违律嫁娶"。

尤其要指出的是，在这种"违律嫁娶"情况下缔结的婚姻关系是
不合法的，一旦被人知晓，婚姻关系就必须解除。后来，明代的律法
也承袭了唐律的这一精神，把丧期嫁娶列入十恶重罪的不孝之中，只
是责罚相对唐律轻些，但有一点却是相同的，那就是要解除婚姻关系。
退一步讲，即使是在祖父母或父母犯罪被押期间娶嫁也会比照丧期嫁
娶给予刑事制裁。由此可见，丧期的规定是非常严苛的。

另外，唐律中还规定了丧期与婚嫁有关的两个禁止情况。第一种
情况是"诸居祖父母、父母丧生子，徒一年"；第二种情况是"诸祖
父母、父母被囚禁而嫁娶者，死罪徒一年半，流罪减一等，徒罪杖
一百"。换句话说，在为祖父母或父母守丧期间，生孩子也会被认为是
不孝的行为，也要受到不同程度的处罚。由此，在守孝期间，是杜绝
进行夫妻生活的。可是据史料记载，当时也确实有不少人没能遵守这
一规定，在丧期生子，而他们大多因为害怕受到律法的惩罚和制裁，
偷偷地把孩子溺死。直到后来，统治者为了统治需要以及出于人道主
义精神才废除了这项规定。不过，人们对守孝的规定依旧十分严苛，
礼制也十分周全。

尤其是对于在朝为官的人来说，除了要遵守上述这些普通人必须
要遵守的礼制外，在守丧期间还必须要解除官职，脱离职权岗位。对
此，在唐律中就有明确的规定。可是在实际执行过程中，也有个别官
员因为贪恋官位隐匿祖父母以及父母的丧事，最后落得个丢官丧命的
下场。在封建社会的官场，官位就意味着权势、财富和地位，可一旦
离开被他人替补，那么就会丧失这一切。所以，这些人才铤而走险，

以至走上了一条不归路。

比如后唐天成年间，滑州掌书记孟升因母丧隐瞒不报，最后事情败露被"赐自尽"。还有，大诗人白居易虽然没有隐瞒母丧的消息，母亲陈氏去世后也按照规制离职丁忧，可是其母陈氏是由于看花坠井而死，在丁忧期间，白居易却作了《赏花》以及《新井》的诗。这一举动被朝中居心叵测之人抓住了把柄，称白居易此举实乃有伤官德孝道，以至于白居易因为此事一再遭到贬谪，从京师贬到江州刺史，后又被贬为江州司马。可见，在当时，人们对违反规制的不孝行为是极为憎恶的，违反规制的人会受到非常严厉的处罚。

相反，若是在为父母守丧期间，孝行卓著，作为官员则可以得到越级提拔，受到朝廷的特别嘉奖。比如，在明代，有个名叫权谨的徐州人，母亲九十岁的时候因病去世了，他尽心竭力为母亲料理了后事，并且按照礼制在母亲的墓地处搭建了一个茅草屋，为母亲守丧三年。而且，在这三年的时间里极尽悲痛之情，所有的言行举止都堪称是做到了极致，周围的邻里看到了都纷纷称赞他是一个难得的大孝子。而朝廷的有关部门得知了此事，十分的重视，甚至仁宗皇帝还亲自来到徐州，查看验证他的孝行，且把他的孝行全都记录下来，让朝中百官传阅。另外，仁宗皇帝有感于权谨的孝行，特赐天恩，任命其为文华殿大学士。

可见，在当时丁忧已经由一种伦理道德、一种习俗逐渐演变成了一种评判人们德行优劣的标杆，甚至是一种政治资源。但是对现代的尽孝方式来说，我们提倡的丧葬仪式是一切从简，禁止大操大办，是一种更加文明简约的丧葬仪式。这是出于环境的考量，也是人类文明进步的表现，所以我们要顺应时势，在父母生前有至诚的孝心要比父母去世后的烦琐礼仪更值得让人尊重。若是一味地为了自己的面子而大操大办，反而会被人们诟病。要知道，如今早已不再是那个以丧葬

礼仪的完备与否来衡量人优劣好坏的时代了。新时代新面貌，尽孝的
方式和态度也应与时俱进。

参考文献

[1]徐艳华译. 孝经[M]. 北京：北京联合出版公司，2015.

[2]曾参，陈才俊. 国学经典：孝经全集[M]. 北京：海潮出版社，2011.

[3]颜兴林. 孝经 [M]. 北京：21世纪出版社，2015.

[4]欧锋. 孝经[M]. 北京：北京工业大学出版社，2014.

[5]张艳玲. 中华孝经[M]. 北京：人民邮电出版社，2013.

[6]姚淦铭. 孝经智慧[M]. 济南：山东人民出版社，2009.

[7]张广明，张广亮. 孝经[M]. 北京：经济日报出版社，2012.

[8]王国轩，胡平生. 大学 中庸 孝经[M]. 北京：中华书局，2011.

[9]汪受宽. 孝经译注[M]. 上海：上海古籍出版社，2016.

[10]"青少年成长必读经典书系"编委会. 孝经[M]. 郑州：河南科学技术出版社，2013.

[11]王相. 女四书女孝经[M]. 北京：中国华侨出版社，2011.

[12]曾仕强. 孝经给现代人的启示[M]. 西安：陕西师范大学出版社，2016.